非均质多相脆性材料的动力学特性与数值建模技术

姚　勇　邓勇军　刘筱玲　著

科学出版社

北　京

内 容 简 介

本书主要以机场跑道、公路等重要目标中的卵石层介质为对象，对典型的非均质多相脆性材料在冲击荷载作用下的动力特性及数值建模技术进行了研究。全书共分为 8 章：第 1 章介绍了研究背景及研究现状；第 2 章以混凝土材料为例，介绍了非均质多相脆性材料的数值几何建模方法；第 3 章是混凝土本构模型选择及参数获取方法；第 4 章是界面参数对靶板侵彻过程的影响；第 5 章是基于细观参数对弹体侵彻混凝土靶的弹道偏转的分析；第 6 章以砂卵石土为例，介绍了基于离散元法的建模方法；第 7 章是砂卵石土本构模型的选取及细观参数的获取；第 8 章是基于离散元法的砂卵石土侵彻效应分析。

本书可供从事非均质材料动态力学性能研究的科研人员使用，也可作为高等院校力学专业研究生的参考用书。

图书在版编目（CIP）数据

非均质多相脆性材料的动力学特性与数值建模技术 / 姚勇，邓勇军，刘筱玲著. —北京：科学出版社，2018.12（2019.11 重印）

ISBN 978-7-03-060130-8

Ⅰ. ①非… Ⅱ. ①姚… ②邓… ③刘… Ⅲ. ①功能材料-动力特性-系统建模-研究 Ⅳ. ①TB34

中国版本图书馆 CIP 数据核字（2018）第 290236 号

责任编辑：张 展 孟 锐 / 责任校对：王 翔
责任印制：罗 科 / 封面设计：墨创文化

科 学 出 版 社 出版
北京东黄城根北街 16 号
邮政编码：100717
http://www.sciencep.com
成都锦瑞印刷有限责任公司 印刷
科学出版社发行 各地新华书店经销
*
2018 年 12 月第 一 版 开本：720×1000 1/16
2019 年 11 月第二次印刷 印张：11 1/2
字数：260 000
定价：79.00 元
（如有印装质量问题，我社负责调换）

前　言

　　自然界中常见的岩石、砂卵石，人工合成的混凝土、水泥砂浆、陶瓷等材料都具有细观非均匀性，由颗粒相、黏结相及二者之间的界面等多相组成，抗拉强度远小于其抗压强度，材料具有脆性性质，这类材料被称为非均质多相脆性材料。该类材料广泛应用于交通工程、信息工程、防护工程等工程结构，在战争时将成为重点打击目标。该类工程结构及其材料的动态力学特性是影响弹体对攻击目标侵爆毁伤效果的决定因素之一。按照现有施工规范《公路路面基层施工技术细则》（JTG/T F20—2005）及《军用机场场道工程施工及验收规范》（GJB1112A—2004）的规定，机场跑道、公路通常是由面层、基层、底层等构成。面层一般采用混凝土材料；基层多采用卵石层介质如级配砾石（卵石）、级配碎石，也有在其中掺加适量水泥、石灰等胶结材料；底层一般由夯实的地基土构成。卵石层介质作为典型的基层材料，具有脆性、多相、非均质等材料特性，对其在冲击荷载作用下的动力特性及数值建模技术进行研究，不仅可为以卵石层介质为基层材料的机场跑道、公路等典型目标的毁伤评估提供依据，而且对武器战斗部的研究、设计改进具有重要意义，同时可为非均质多相脆性类材料在冲击载荷作用下的相关研究奠定基础。

　　本书内容主要来源于国家自然科学基金委员会与中国工程物理研究院的联合基金项目"非均质多相脆性材料的动力学特性与数值建模技术"的相关研究成果。结合水泥胶结材料的掺量实验并考虑工程应用情况，将卵石层介质分为两类进行研究：水泥胶结材料的掺量小于4%时，作为砂卵石土材料；水泥胶结材料的掺量大于4%时，作为低标号混凝土材料。构建基于卵石颗粒级配的离散元多面体颗粒模型和基于随机骨料模型的有限元数值建模技术，进行本构模型和破坏准则的参数辨识，探索砂卵石土材料的侵彻实验方法。

　　感谢中国工程物理研究院总体工程研究所陈裕泽研究员、刘彤研究员、梅军研究员、郝志明研究员、张方举研究员、徐伟芳副研究员等对课题研究的指导和支持；感谢北京理工大学陈小伟教授对课题研究的指导和建议；感谢西南科技大学土木工程与建筑学院王汝恒教授、陶俊林教授、贾彬教授、陈代果老师、彭芸老师和富裕老师对课题的协助；感谢参与课题的西南科技大学土木工程与建筑学院研究生曾毅、吴东旭、赵睿、夏晓宁、徐刚、杨涛、牛振坤、孙加超、陈辉、刘佳洛、屈科佛、芮雪等为本书所做的大量工作。

　　鉴于作者的水平及认识的局限性，书中如有不妥之处，望读者批评指正。

目　录

第1章 背景及概述

从严格意义上来说，由于在形成或加工过程中存在各种随机的影响因素，对于任何人工的或天然的材料，其物理性质的空间分布都不是均匀的，只不过彼此的非均匀程度不同而已。自然界中常见的岩石、砂卵石，人工合成的混凝土、水泥砂浆、陶瓷等材料都具有细观非均匀性，且这类材料通常有三个明显的特征：①多相：材料不是由同一种介质构成的，而是由多个类型不同的组分构成的；②非均质：组成材料的各相组分材料特性相差较大，复合而成的材料物理及力学特性在宏观上表现出不均匀性的特点；③脆性：各相组分均为脆性材料，其破坏特征表现为断裂的突发性，在裂缝扩展前，一般不存在明显的裂纹尖端塑性区。由于该类材料内部各种微结构的存在和相互作用，在冲击荷载作用下的动力学特性十分复杂，采用传统的均匀模型来分析材料中微结构的影响已不再合适，从而使理论分析十分困难。另外，由于非均匀材料中各个组分差异、试件的非均匀性不同，实验结果受离散性和试件尺寸效应等的影响较大，只有进行大量的重复实验才能得到有意义的结果，这是一个颇费人力和资金的过程。随着计算力学的发展和计算机性能的提高，数值计算方法逐渐成为研究该类材料的重要方法，而在数值计算中，研究该类材料最首要的问题是如何构建其几何模型及物理模型，从而从真实意义上反映材料内部结构组成对宏观力学性能的影响。卵石层介质作为典型的基层材料，具有脆性、多相、非均质等材料特性，广泛应用于各个领域，是工程结构（如高坝、桥梁、核电站、机场跑道、公路及其他防护工程等基础设施建设）中重要的组成部分，对其在冲击荷载作用下的动力特性及数值建模技术进行研究，可以为非均质多相脆性类材料在冲击载荷作用下的相关研究奠定基础。

卵石层介质在深层高速侵彻条件下，其多相、非均匀性对弹体的弹道、侵彻深度、毁伤效果等的影响相对于其主要参量而言可以简化，可以将卵石层看作连续均匀的材料，采用连续介质模型借鉴混凝土的本构模型及参数进行高压高应变率的模拟计算[1-4]。在低速侵彻条件下，卵石层介质的多相非均匀性将影响弹体的弹道偏转、弹体弯曲、靶体的毁伤效果等，在此条件下能否将卵石层介质作为连续均匀介质建模，以及其骨料分布的不均性、颗粒的尺寸效应与界面特性对卵石层冲击破坏的影响机理还未有明确认识。

不加入胶结材料的卵石层介质可视为散体介质——砂卵石土。对于砂卵石土的研究主要集中在静载或低频振动条件下。国内的肖伦斌等[5]、张玲玲等[6]

进行了砂卵石土静力实验，分析了其静力力学特性；吴怀忠等[7]、王汝恒等[8]、贾彬等[9]针对砂卵石土采用室内动三轴实验分析了不同围压、不同固结比和不同振动频率对其准静态响应影响的变化规律，归纳出动弹性模量随着固结比的增大而增大，阻尼比具有随动应变增大而增大等结论。目前应用比较广泛的土的宏观本构模型主要有邓肯 E-v 模型、E-B 模型、K-G 模型、椭圆-抛物双屈服面模型等非线弹性模型和弹塑性模型[10-12]，这些模型主要适用于静态荷载下的细粒土的材料力学性能研究与工程数值计算分析，建立在宏观均匀连续介质的假定基础上，无法反映土的细观组成对其材料特性的影响，特别是动载条件下在描述变形及动力特征方面有明显不足。材料的宏观性能由其细观特性决定，为反映细观特性对材料宏观性能的影响，近年来，大量构建材料性能宏细观框架的研究不断涌现。不同的学者[13-17]以土的细观接触关系为基础，研究颗粒的相对运动规律及其细观本构关系，并将其与宏观连续介质模型相联系，发展了新的连续介质本构关系。这些研究是以细粒土为对象，土颗粒的尺寸效应未能全面反映。

　　砂卵石土中的卵石颗粒作为一种脆性材料，其材料特性与其他岩石、陶瓷等脆性材料相似，拉伸损伤累积是导致脆性材料动态断裂的主要原因，大多采用拉伸破坏准则[18, 19]作为损伤判据。但是由于卵石层介质中卵石颗粒级配不同，颗粒尺寸及分布具有随机性，造成卵石层介质具有非均匀性，连续介质的宏观弹塑性模型在模拟其受到冲击作用时的宏观破坏现象时不再适用。砂卵石土的松散特性可采用离散元法进行模拟。离散元法基于牛顿运动定律，在散体介质中广泛应用。也有学者基于离散元法进行连续的材料冲击动力学特性分析，但离散元方法与有限元计算相比，计算工作量较大，物理机理假定较多。大量的离散元法的应用集中在岩土介质的物理力学性能研究，以及滑坡、崩塌、泥石流等自然灾害的机理研究方面[20, 21]。基于 Cundall 模型的刚性颗粒模型，已有较成熟的商业软件 PFC 在岩土工程中广泛使用，土中固体颗粒的相互作用采用接触-滑移算法，土的黏聚力借用连续介质中的阻尼作用，并用平行连接强度模拟土的破坏极限，能很好地解决土体的大部分工程力学问题。

　　添加胶结材料的卵石层介质可以被视为一种低标号的混凝土，而国内外已开展了大量的混凝土在冲击载荷作用下的动态响应[22, 23]分析，用于数值模拟冲击问题的混凝土本构模型很多，如 JHC 模型、Forrestal 模型、RHT 模型、Malvar 模型等[24, 25]。这些模型基于宏观材料的均匀性假定，不能捕捉混凝土局部破坏的随机性和材料的细观非均质性，因此在考虑混凝土的应变率效应、材料的不均匀性及界面特性等对材料的冲击动力学特性的影响方面有待研究改进。同时，随着大容量高速计算机的出现，基于混凝土细观层次上的数值模拟成为可能，越来越多的研究者[26-32]采用细观力学的方法研究混凝土材料在冲击作用下的力学行为，使得从细观层次研究混凝土的力学响应成为研究热点，形成了多种细观力学模型和方法，如梁-

颗粒模型、随机粒子模型、随机骨料模型、格构模型等。其中，随机骨料模型能很好地刻画混凝土骨料的颗粒粒径级配，与真实的工程问题最为接近，且可以通过材料参数的赋值反映其细观的多相性，可用于分析混凝土材料在静载或低应变率条件下的力学行为。

在材料的动态特性实验研究方面，粗粒土的测试方法如原位动力测试、动三轴实验、共振柱实验和振动台实验等无法获得冲击加载条件下的粗粒土材料特性。Huang 等[33,34]采用 MSHPB（a modified split Hopkinson pressure bar，一种改进的霍普金森压杆）方法测试了石英砂的动态压缩性能。分离式 Hopkinson 杆实验系统[35]在研究高应变率加载条件下材料的动力力学特性方面应用得最为广泛，可用于进行低标号混凝土的动力学性能测试。

本书以卵石层介质为典型材料，获得多相非均匀脆性材料在冲击荷载作用下的动态力学特性的研究方法，建立基于有限元和离散元方法的数值建模技术及卵石层介质的动态本构模型、破坏准则，对机场跑道、公路等工程结构毁伤评估提供重要的技术支持，为类似非均质多相脆性材料的动力学特性研究提供参考。

参 考 文 献

[1]　张凤国,李恩征. 大应变、高应变率及高压条件下混凝土的计算模型[J]. 爆炸与冲击,2002,22(3):198-202.

[2]　王政,倪玉山,曹菊珍,等. 冲击载荷下混凝土本构模型构建研究[J]. 高压物理学报,2006,20(4):337-344.

[3]　杨冬梅,王晓鸣. 反机场弹药斜侵彻多层介质靶的三维数值仿真[J]. 弹道学报,2004,16(3):83-87.

[4]　曾必强,姜春兰,王在成,等. 反跑道动能弹斜侵彻机场多层跑道的三维数值模拟[J]. 兵工学报,2007,28(12):1433-1437.

[5]　肖伦斌,张训忠. 邓肯-张模型对砂卵石土适用性的实验研究[J]. 建筑科学,2010,26(7):1-4.

[6]　张玲玲,姚勇. 四川西北地区砂卵石土的直剪实验研究[J]. 路基工程,2010,(3):162-164.

[7]　吴怀忠,王汝恒,刘汉峰,等. 围压和固结应力比对砂卵石土动力特性的影响[J]. 四川建筑科学研究,2006,(5):111-114.

[8]　王汝恒,贾彬,邓安福,等. 砂卵石土动力特性的动三轴试验研究[J]. 岩石力学与工程学报,2006,(S2):4059-4064.

[9]　贾彬,王汝恒. 砂卵石土动强度的试验研究[J]. 工业建筑,2006,(5):71-73.

[10]　Duncan J M, Byrne P, Wong K S, et al. Strength, stress-strain and bulk modulus parameters for FEA of stress and movements in soil masses: Report No. UCB/GT/80-01[R]California: California University, 1980.

[11]　Lade P V, Yanamuroj A, Bopp P A. Significance of particle crushing in granular materials[J]. Journal of Geotechnical Engineering, 1996, 122(4):309-316.

[12]　Matsuoka H, Nakai T. Stress-strain Relationship of Soil Based on the "SMP" [M]. Tokyo: Proc. of IX ICSMFE, 1977:153-162.

[13]　Li X, Yu H S, Li X S. Macro-micro relations in granular mechanics[J]. International Journal of Solids and Structures, 2009, 46:4331-4341.

[14]　Andrade J E, Avila C F, Hall S A, et al. Multiscale modeling and characterization of granular matter: from grain kinematics to continuum mechanics[J]. Journal of the Mechanics and Physics of Solids, 2011, 59(2):237-250.

[15] 刘瑜. 基于颗粒接触模型的砂土剪切波速研究[D]. 杭州：浙江大学，2010.

[16] 楚锡华. 颗粒材料的离散颗粒模型与离散-连续耦合模型及数值方法[D]. 大连：大连理工大学，2006.

[17] 秦建敏. 基于离散元模拟的岩土力学性能研究及应变局部化理论分析[D]. 大连：大连理工大学，2007.

[18] Furlong J R，Davis J F，Alme M L. Modeling the dynamic load/unload behavior of ceramics under impact loading[J]. RDA-TR-0030-0001，R&D Associates，1990.

[19] Rabczuk T，Eibl J. Modeling dynamic failure of concrete with meshfree methods[J]. International Journal of Impact Engineering，2006，32（11）：1878-1897.

[20] Huang J，Vicente da Silva M，Krabbenhoft K. Three-dimensional granular contact dynamics with rolling resistance[J]. Computers and Geotechnics，2013，49（4）：289-298.

[21] Taylor L M，Chen E P，Kuszmaul J S. Microcrack-induced damage accumulation in brittle rock under dynamic loading[J]. Computer Method in Applied Mechanics and Engineering，1986，55（3）：301-320.

[22] Georgin J F，Reynouard J M. Modeling of structures subjected to impact：concrete behavior under high strain rate[J]. Cement & Concrete Composites，2003，25（1）：131-143.

[23] Thabet A，Haldane D. Three-dimensional numerical simulation of the behavior of standard concrete test specimens when subjected to impact loading[J]. Computers and Structures，2001，79（1）：21-31.

[24] 王政，倪玉山，曹菊珍，等. 冲击载荷下混凝土动态力学性能研究进展[J]. 爆炸与冲击，2005，25（6）：519-527.

[25] Heider N，Hiermaier S. Numerical simulation of performance tandem warheads[C]//Iris Rose Crewther. 19th International Symposium Ballistics. Interlaken，Switzerland：Thun：IBS2001 Symposium Office，2001：1493-1499.

[26] 高政国，刘光廷. 二维混凝土随机骨料模型研究[J]. 清华大学学报，2003，43（5）：710-714.

[27] 邢纪波，俞良群，王泳嘉. 三维梁-颗粒模型与岩石材料细观力学行为模拟[J]. 岩石力学与工程学报，1999，16（6）：627-630.

[28] 王宗敏，邱志章. 混凝土细观随机骨料结构与有限元网格剖分[J]. 计算力学学报，2005，22（6）：728-732.

[29] Wang Z M，Kwan A K H，Chan H C. Mesoscopic study of concrete I：generation of random aggregate structure and finite element mesh[J]. Computers and Structures，1999，70（5）：533-544.

[30] Riedel W，Wicklein M，Thoma K. Shock properties of conventional and high strength concrete：experimental and mesomechanical analysis[J]. International Journal of Impact Engineering，2008，35（3）：155-171.

[31] Grote D L，Park S W，Zhou M. Dynamic behavior of concrete at high strain rates and pressures：Ⅰ. experimental characterization[J]. International Journal of Impact Engineering，2001，25（9）：869-886.

[32] Van Mier J G M. Fracture Processes of Concrete Assessment of Material Parameters for Fracture Models[M]. Boca Raton：CRC Press，1997.

[33] Huang J，Xua S，Hu S. Effects of grain size and gradation on the dynamic responses of quartz sands[J]. International Journal of Impact Engineering，2013，59（9）：1-10.

[34] Huang J，Xua S，Hu S. Influence of particle breakage on the dynamic compression responses of brittle granular materials[J]. Mechanics of Materials，2014，68（1）：15-28.

[35] 陶俊林，田常津，陈裕泽，等. SHPB 系统试件恒应变率加载实验方法研究[J]. 爆炸与冲击，2004，24（5）：413-418.

第2章 非均质多相材料数值几何建模方法

结合已有的细观力学模型研究成果，分析总结各类细观模型的优缺点，提出以随机骨料模型来描述非均质多相脆性材料的细观组成；以 C++ 程序为基础，开发用于描述混凝土三相介质的二维、三维投放程序，并结合实验数据验证数值模型的有效性；针对界面过渡区特殊的物理及几何性质，提出三种处理方法，并对各自特点进行对比，给出不同模型用于分析弹靶侵彻问题的适用范围。

2.1 混凝土细观力学模型研究现状

随着细观力学理论的发展和高速度大容量电子计算机的出现，国内外很多研究人员利用基于细观力学层次的数值模型来研究非均质多相脆性材料的宏观力学性能，主要是针对混凝土这种典型的非均质脆性材料的静、动态力学性能。细观层次上，将混凝土视为由粗、细骨料，水泥水化产物，未水化水泥颗粒、孔隙、裂缝等所组成的多相复合材料（图 2-1）。目前应用较为广泛的细观力学模型主要有以下几种：格构模型、随机粒子模型、MH 细观模型、随机力学模型、随机骨料模型。

格构模型[1]的基本思想是把待计算的连续体离散成三角形或四边形网格，网格一般由杆单元或者梁单元组成，引入简单的单元本构关系，如图 2-2 所示。为了模拟混凝土的非均匀性，梁和杆单元的力学参数可以假定服从某种既定的分布规律，该模型还可以考虑骨料等细观结构的随机分布特征。计算时，在外荷载作用下对整体网格进行线弹性（或弹塑性）分析，计算出格构中各单元的局部应力，超过破坏阈值的单元将被从系统中除去。单元的破坏为不可逆过程，单元破坏后，荷载将重新分配，再次计算以得出下一个破坏单元。不断重复该计算过程，直至整个系统完全破坏。Lilliu 等[2]应用三维格构模型模拟了混凝土的断裂过程，同时研究了骨料含量对极限荷载和其延性的影响。Schlangen 等[3]应用格构模型（采用梁单元）进行了混凝土的剪切、单轴拉伸和劈裂实验。以上研究表明，由该模型得到的荷载-位移曲线不太理想，反映出混凝土太脆，且该模型计算结果的精度依赖于单元类型和破坏准则的选取以及对混凝土材料各向异性特性的模拟程度。

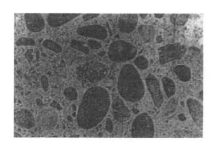

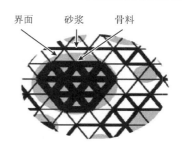

界面　　砂浆　　骨料

图 2-1　混凝土断面　　　　　　　　　图 2-2　格构模型

　　随机粒子模型的基本原理是假设混凝土为三相复合材料，用随机分布在基质中的圆来表示骨料，骨料为弹性体，不发生破坏。骨料之间只有轴向接触力，忽略了骨料之间的剪切和弯曲作用力，即相当于由轴力杆连接（图 2-3），骨料周围的接触层满足非线性断裂力学的软化曲线。该模型通过单元的张拉破坏模拟材料开裂问题。Bazant 等[4]对混凝土试件单轴受拉和三点弯曲受力状态下的裂纹扩展过程进行了模拟，并研究了试件的尺寸效应问题，结果表明该模型可以很好地模拟混凝土的开裂和破坏现象，但由于忽略了剪力和弯矩的影响，模拟的开裂区比实际情况下的更小、更窄。

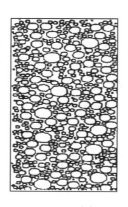
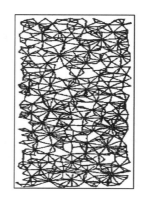

图 2-3　随机粒子模型

　　MH 细观模型是由 Mohamed 和 Hansen 提出的（图 2-4），模型假设混凝土是由砂浆基质、骨料和两者之间的界面组成的三相复合材料，模型中考虑了骨料在基质中分布的随机性以及各相组分的力学性质的随机本质，采用有限元法进行应力分析。该模型认为，拉裂是导致裂纹扩展的主要原因，所以假定单元只发生拉破坏，忽略了剪切破坏。该模型在模拟一些以拉破坏为主要原因的实验（如：单轴拉伸、单轴压缩）时，取得了令人满意的结果，但用该模型模拟混凝土在冲击荷载作用下的破坏过程的文献还未见报道。

随机力学模型是由东北大学的唐春安、朱万成等提出的。该模型假定混凝土为砂浆基质、骨料及两者之间的黏结带组成的三相复合材料，如图 2-5 所示。模型中各个组分用均匀的四边形网格表征，采用 Weibull 分布来描述混凝土各相组分内部结构的离散性，通过有限元法进行细观单元的应力和位移分析。按照弹性损伤本构关系描述细观单元的损伤演化，采用最大拉应力准则和摩尔库仑准则分别作为细观单元发生拉伸损伤和剪切损伤的阈值条件[5]。文献[5]利用该模型对混凝土试件进行了单轴压缩和双轴荷载（拉压、压压、拉拉）作用下的破坏模拟。结果表明，该模型可以较好地反映混凝土材料在复杂应力状态下的裂纹扩展过程以及断裂过程的变形非线性、应力重分布等现象。文献[6]对不同尺寸混凝土单边裂纹紧凑拉伸试样的断裂过程及其强度的尺寸效应进行了数值模拟，数值模拟结果与 Bazant 等提出的尺寸效应规律表现出较好的一致性。该模型虽然考虑了各相力学特性在计算域内的随机分布，但未考虑试件内各级配骨料分布的随机性，而实际上，骨料级配和骨料在试件内的分布对混凝土试件的宏观力学特性均有一定影响。

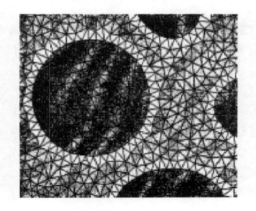

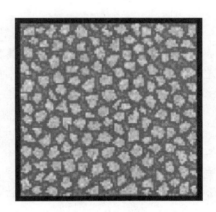

图 2-4　MH 模型　　　　　　　　　图 2-5　随机力学模型

随机骨料模型是由清华大学的刘光廷、王宗敏提出的，该模型将混凝土视作由骨料、水泥砂浆以及两者之间的黏结带组成的三相非均质复合材料。二维模型中借助富勒（Fuller）级配曲线和瓦拉文（Walraven）公式确定各粒径的骨料颗粒数，并按照蒙特卡罗方法在试件内生成随机分布的骨料模型，骨料形状主要用圆形、椭圆形、凸多边形模拟；三维模型中直接按级配曲线确定各粒径区间的骨料颗粒数，并用蒙特卡罗方法在试件内生成随机分布的骨料模型，骨料形状主要用球形、凸多面体模拟。模型采用有限元法计算单元的应力和应变。模型的有限元网格形成有两种方法：网格投影和各相材料自由网格划分。网格投影如图 2-6 所示，即将有限元网格投影到骨料结构上，根据骨料在网格中的位置判定单元类型，并根据单元类型赋予相应的材料特性；各相材料的自由网格划分如图 2-7 所示，对试件剖面内的粗骨料和水泥砂浆基底及界面分别进行有限元网格划分并给单元赋予相应的材料属性。

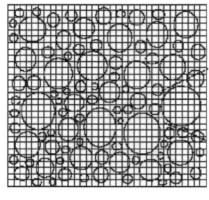

图 2-6　网格投影　　　　　　　　　　　　图 2-7　网格划分

　　文献[7]用混凝土随机骨料模型和非线性有限元技术模拟了单边裂纹受拉试件从损伤到断裂破坏的全过程，模拟的宏观结果与实验的破坏软化曲线近似。宋玉普[8]基于随机骨料模型模拟了单轴抗拉、抗压的力学行为以及双轴下的强度及劈裂破坏过程，并引入了断裂力学的强度准则，模拟了各种受力状态下的裂纹扩展。文献[9]基于随机骨料模型对混凝土单轴压缩试件和三级配混凝土简支梁在静、动载作用下的力学性能和破坏过程进行了数值模拟分析，得出随机骨料模型用于模拟混凝土材料在静、动载作用下由于裂纹的萌生、扩展、贯通导致的破坏过程是可行的。文献[10]采用随机骨料模型在大型商业有限元软件 MSC.MARC 的基础上对东江拱坝的三级配混凝土试件在静、动载下的力学性能和破坏过程进行了数值模拟，得出混凝土宏观力学性能的离散性是其内部细观结构的差异造成的；黏结界面是混凝土中的薄弱部位，其力学性能对混凝土材料的强度影响很大，试件的破坏首先起源于黏结界面的开裂，并沿着界面扩展至砂浆中，直至贯穿试件。杜修力等[11]基于随机骨料模型对混凝土在冲击荷载作用下的细观破坏机制进行了研究，给出了冲击荷载下试件的应力-应变曲线和动态抗压强度，研究结果表明，数值模拟结果与实验所得结果表现出较好的一致性。该模型能考虑骨料级配、粒径、形状以及随机分布特性等对混凝土材料响应的非均匀性影响，能够有效地反映材料在静、动荷载作用下裂纹的生成和扩展特点。

　　结合上述分析，由随机骨料模型的特点可知，该模型能反映骨料强度、粒径、分布位置等对混凝土宏观力学性能的影响，能够较好地反映非均质多相脆性材料的内部结构特点，故本书的研究以随机骨料模型为基础。

2.2　随机骨料模型投放算法流程

随机骨料模型投放算法主要包括以下几个步骤。

2.2.1　随机数的生成

蒙特卡罗（Monte Carlo）方法[12]，也被称为随机模拟（random simulation）方法，是一种利用重复的统计实验解决物理和数学问题的方法，这类问题可以用一个随机过程来描述。混凝土试件中骨料颗粒在试件内的分布是一个随机过程，因此可以通过蒙特卡罗方法来对这一过程进行模拟。确定骨料颗粒在试件内的分布位置及形状需要一种基本的工具，这个工具就是随机数。在计算机中进行仿真模拟时，就随机数的产生而言，最基本的随机变量是在区间[0, 1]上服从均匀分布的随机变量，其他分布形式的随机变量均可由其变换得到。设随机变量 X 的概率密度函数为

$$f(x) = \begin{cases} 1, x \in [0, 1] \\ 0, x \notin [0, 1] \end{cases} \tag{2-1}$$

则称 X 为区间[0, 1]上服从均匀分布的随机变量，在计算机中产生的随机变量 X 的抽样序列 $\{x_n\}$ 称为随机变量 X 的随机数。目前，在计算机中常用数学方法产生伪随机数，其特点是速度快、内存占用小，且具有良好的统计性质。本书采用同余法产生随机数序列，首先通过 VC++ 6.0 中的 rand（）函数产生区间[0, 1]上均匀分布的伪随机数 x，然后通过相应的变换产生给定区间上均匀分布的随机数序列。如骨料中心点的坐标（x_c, y_c, z_c）在混凝土试件内服从均匀分布，且 $x_c \in [x_{min}, x_{max}]$，$y_c \in [y_{min}, y_{max}]$，$z_c \in [z_{min}, z_{max}]$，则

$$\begin{cases} x_c = x_{min} + (x_{max} - x_{min})x \\ y_c = y_{min} + (y_{max} - y_{min})y \\ z_c = z_{min} + (z_{max} - z_{min})z \end{cases} \tag{2-2}$$

2.2.2　骨料级配、粒径和投放区域的确定

混凝土中的骨料分为细骨料和粗骨料[13, 14]，对水工混凝土骨料的定义为：85%以上的质量通过 5mm 筛孔的骨料称为细骨料，85%以上的质量遗留在 5mm 筛孔上的骨料称为粗骨料。粗骨料按粒径分为小石（5～20mm）、中石（20～40mm）、大石（40～80mm）、特大石（80～150mm）。按包含的骨料粒径范围依次称为一、

二、三、四级配。常用的四级配骨料中，小石：中石：大石：特大石 = 2：2：3：3；三级配骨料中，小石：中石：大石 = 3：3：4；二级配骨料中，小石：中石 = 5.5：4.5。文献[15]中对常用的三种级配曲线与 Fuller 级配曲线进行了比较，得出二者吻合较好。Fuller 级配曲线是 Fuller 提出的理想的最大密实度三维级配曲线[16]，表达式为

$$w(d) = \sqrt{d/d_{\max}} \tag{2-3}$$

式中，$w(d)$ 为骨料通过直径为 d 的筛孔的质量百分比；$d_{\max}$ 为最大骨料粒径。

Walraven 等[17]基于 Fuller 公式将三维级配曲线转化为试件截面上任一点位于直径为 $d < d_0$ 的骨料内的概率 p_c，即

$$p_c(d < d_0) = p_k \left[1.065 \left(\frac{d_0}{d_{\max}} \right)^{0.5} - 0.053 \left(\frac{d_0}{d_{\max}} \right)^{4} - 0.012 \left(\frac{d_0}{d_{\max}} \right)^{6} - 0.0045 \left(\frac{d_0}{d_{\max}} \right)^{8} \right.$$

$$\left. - 0.0025 \left(\frac{d_0}{d_{\max}} \right)^{10} \right]$$

$$\tag{2-4}$$

其中，d_0 为筛孔直径；$d_{\max}$ 为最大骨料粒径；p_k 为骨料（粗骨料和细骨料）体积占混凝土总体积的百分数。

根据不同的 d_0 值，由式（2-4）可求得 $p_c \sim d_0/d_{\max}$ 概率分布曲线，据此可求得试件截面上不同骨料粒径的颗粒数。

2.2.3 骨料投放算法及入侵判定

二维随机凸多边形骨料模型的生成是以随机生成的三角形和四边形骨料基为基础生长而成的（图 2-8），三维随机骨料模型中随机凸多面体通过在八面体骨料基的基础上生长而成（图 2-9），骨料基的基本几何构型决定了最终生成的随机凸多边形骨料的形状。

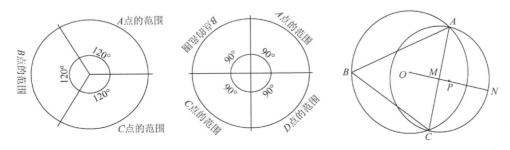

图 2-8　三角形及四边形骨料基顶点位置图

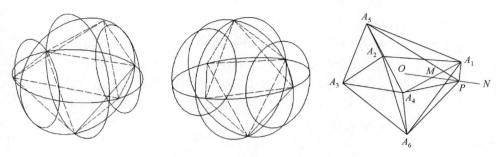

图 2-9　八面体骨料基顶点位置图

在骨料的投放和生长过程中，为保证投放域内的骨料不会发生相互侵入的现象，就要对多面体新形成的顶点与已经生成的骨料之间的相互位置关系进行判断。

1. 凸多边形侵入判断准则——二维模型

1）面积判别准则[18]

如图 2-10 所示，对于任一凸多边形 $b_1b_2\cdots b_n$，设多边形顶点 b_i 的坐标为(x_i, y_i)，顶点按逆时针顺序编号，P 点的坐标为(x, y)。

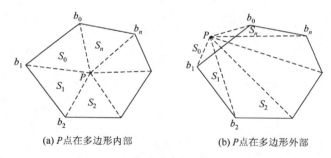

(a) P点在多边形内部　　　　　　　(b) P点在多边形外部

图 2-10　点与凸多边形相对位置关系

设多边形 $b_1b_2\cdots b_n$ 围成的区域为Ω，根据三角形面积计算公式

$$S = \frac{1}{2}\begin{vmatrix} x_A & y_A & 1 \\ x_B & y_B & 1 \\ x_C & y_C & 1 \end{vmatrix} \tag{2-5}$$

可以判断出 P 点与多边形的相对位置关系如下：

$$\begin{cases} P \in \Omega, S_i > 0 \quad (i = 0, 1, 2, \cdots, n) \\ P \text{ 在}\Omega\text{ 的边界上，至少有一个} S_i = 0 \\ P \notin \Omega, \text{ 至少有一个} S_i < 0 \end{cases} \tag{2-6}$$

其中，S_i 为 P 点与多边形各边形成的三角形的面积。

2）颗粒穿透检查

通过上述面积判断方法进行多边形的侵入检测后，依然有可能存在如图 2-11 所示的骨料入侵情况。为防止此特殊情况的出现，还需要进行边相交检测。为了减少不相关边的相交检测，首先利用多边形边界矩形的概念找出两个骨料可能存在边相交的区域，如图 2-11 中粗实线所示区域，然后对落入相交域中的边进行相交检测。边的相交检测利用三角形面积公式（2-5）进行判断，如图 2-12 所示，线段 a_1a_2 和 b_1b_2 之间位置关系的判断表示为：若 $S_{\triangle a_1a_2b_1}$ 和 $S_{\triangle a_1b_2a_2}$ 同号或者 $S_{\triangle b_1b_2a_2}$ 和 $S_{\triangle b_1a_1b_2}$ 同号，则线段 a_1a_2 和 b_1b_2 不相交；若 $S_{\triangle a_1a_2b_1}$ 和 $S_{\triangle a_1b_2a_2}$ 等于 0 或者 $S_{\triangle b_1b_2a_2}$ 和 $S_{\triangle b_1a_1b_2}$ 等于 0 或者 $S_{\triangle a_1a_2b_1}$、$S_{\triangle a_1b_2a_2}$、$S_{\triangle b_1b_2a_2}$、$S_{\triangle b_1a_1b_2}$ 均等于 0，则线段 a_1a_2 和 b_1b_2 在一条直线上，此时通过简单的坐标比较即可判断两者之间的关系；上述情况以外的其他情况均属于线段相交。

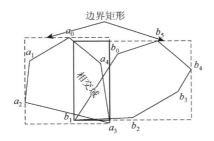

图 2-11　骨料相交的特殊情况

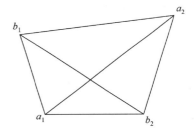

图 2-12　线段相交判断

2. 凸多边形侵入判断准则——三维模型

1）点侵入凸多面体空间的判断

三维投放中，点与凸多面体位置关系的判断采用刘光廷等[19]提出的以体积为标度的侵入判断准则。如图 2-13 所示，假设多面体的所有面上三角形的顶点都按逆时针排序（由外向内视方向），定义点 P 与凸体相对位置关系的判断准则为

$$\begin{cases} V_P > 0, & P \in \Omega \\ V_P = 0, & P\text{在凸体边界上} \\ V_P < 0, & P \notin \Omega \end{cases} \quad （2\text{-}7）$$

其中，V_P 为点 P 与凸体面三角形围成的四面体按式（2-8）计算的体积；Ω 为多面体围成的空间区域。

$$V = \frac{1}{6} \begin{vmatrix} x & y & z & 1 \\ x_A & y_A & z_A & 1 \\ x_B & y_B & z_B & 1 \\ x_C & y_C & z_C & 1 \end{vmatrix} \tag{2-8}$$

2）凸多面体空间侵入的特殊情况

在骨料的生长过程中，为防止出现如图 2-13 所示的特殊情况，还需对边和面进行相交检查。为提高算法的效率，线面相交的检查分两步进行，如图 2-14 所示，首先判断线段的两个端点是位于三角形的异侧还是同侧，判断方法是借助四面体的体积计算公式（2-8），设 V_a、V_b 分别为端点 a、b 与三角形形成的四面体的体积，若 V_a、V_b 同号，则表示位于同侧，异号表示位于异侧，等于 0 表示与三角形共面。其次对 V_a、V_b 异号的情况进一步进行线面相交的判断，线面相交的判断方法为首先求出线面的交点，然后判断该交点是否位于面域内，若是则表示相交，否则表示不相交。

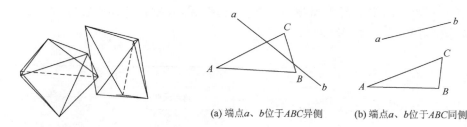

(a) 端点 a、b 位于 ABC 异侧　　(b) 端点 a、b 位于 ABC 同侧

图 2-13 凸多面体空间侵入的特殊情况　　图 2-14　线段与空间 ABC 的相互位置关系

线和面的交点通过直线方程和平面方程联合求解得到。设 $A(x_A, y_A, z_A)$、$B(x_B, y_B, z_B)$、$C(x_C, y_C, z_C)$ 为空间三点，则过这三点的平面的法向量 $\vec{n}$ 为

$$\vec{n} = \begin{vmatrix} \boldsymbol{i} & \boldsymbol{j} & \boldsymbol{k} \\ x_B - x_A & y_B - y_A & z_B - z_A \\ x_C - x_A & y_C - y_A & z_C - z_A \end{vmatrix} = ai + bj + ck \tag{2-9}$$

其中，$\boldsymbol{i}$、$\boldsymbol{j}$、$\boldsymbol{k}$ 是单位向量；系数 $a = (y_B - y_A)(z_C - z_A) - (y_C - y_A)(z_B - z_A)$，$b = (x_C - x_A)(z_B - z_A) - (x_B - x_A)(z_C - z_A)$，$c = (x_B - x_A)(y_C - y_A) - (x_C - x_A)(y_B - y_A)$。根据平面的点法式方程，得到经过这三点的平面方程为

$$a(x - x_A) + b(y - y_A) + c(z - z_A) = 0 \tag{2-10}$$

设 $E(x_E, y_E, z_E)$、$F(x_F, y_F, z_F)$为空间中的两点，则过这两点的点向式方程为

$$\frac{x-x_E}{x_F-x_E} = \frac{y-y_E}{y_F-y_E} = \frac{z-z_E}{z_F-z_E} \tag{2-11}$$

由直线的点向式方程很容易导出直线的参数方程为

$$\begin{cases} x = x_E + t(x_F - x_E) \\ y = y_E + t(y_F - y_E) \\ z = z_E + t(z_F - z_E) \end{cases} \tag{2-12}$$

将式（2-10）和式（2-12）联立即可解出交点的坐标。通过判断交点是否位于面域内即可判断线面是否相交。

2.2.4 随机骨料模型投放算法流程图

根据前述随机多边形骨料的生成算法，利用 VC＋＋ 6.0 软件编制了二维（或三维）随机凸多边形骨料模型的投放程序 2D-RAM（3D-RAM），程序流程图如图 2-15、图 2-16 所示。

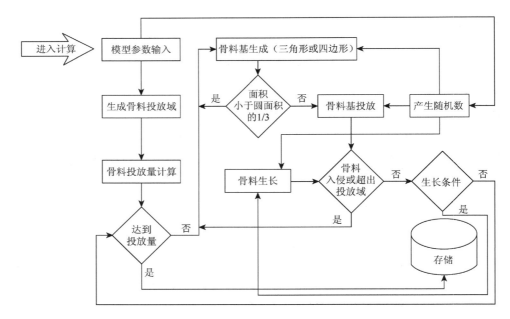

图 2-15 随机骨料投放算法流程图

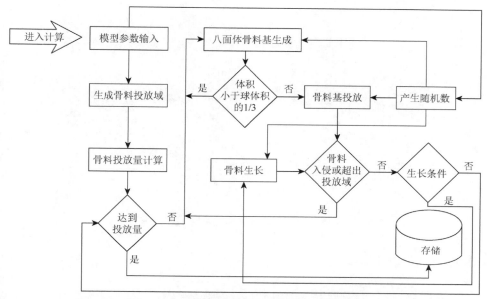

图 2-16　三维随机骨料模型投放算法流程图

2.2.5　随机凸多边形骨料模型的生成

采用自编程序 2D-RAM（3D-RAM）生成的不同骨料含量的二维（或三维）混凝土试件如图 2-17、图 2-18 所示。从图中可以看出，采用程序实现的模型基本上没有出现针状的骨料，符合混凝土规范中对针状骨料含量限制的要求。

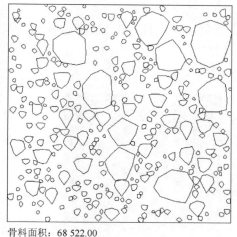

骨料面积：68 522.00
截面面积：202 500
面积比：33.84%

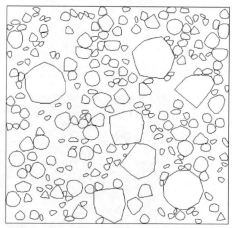

骨料面积：83 019.00
截面面积：202 500
面积比：41.00%

图 2-17　不同骨料含量的二维随机骨料模型

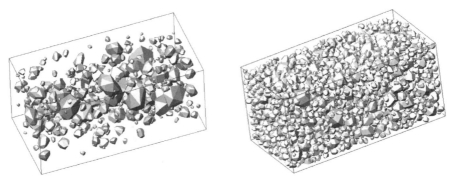

(a) 骨料含量为10%   (b) 骨料含量为40%

图 2-18   不同骨料含量的三维随机骨料模型

2.2.6   随机骨料模型网格划分

实现了随机骨料模型的几何建模以后，需要针对不同的介质赋予不同的材料属性，以反映材料的非均匀性，通过网格划分可以达到这一目的。

1. 二维随机骨料模型有限元网格

二维随机骨料模型将混凝土视为由砂浆和骨料组成的两相非均质复合材料，不同的材料具有不同的物理力学特性。有限元网格划分时，根据网格所处位置的材料类型划分为不同的单元类型，如骨料单元、砂浆单元，并根据单元类型赋予相应的材料属性。

二维随机骨料模型的网格划分可以通过两种方式实现：①利用商业有限元软件 ANSYS 对模型中的骨料和砂浆分别进行网格划分，如图 2-19 所示；②采用自编程序基于背景网格的方法对模型自动进行网格划分。

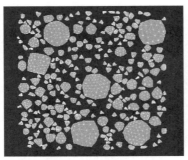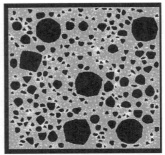

(a) 骨料网格划分   (b) 砂浆网格划分

图 2-19   ANSYS 软件对模型进行网格划分

　　基于背景网格进行模型网格划分的基本方法：首先将试件在给定范围内自动划分成排列整齐的正方形基本单元，单元的基本尺寸要求尽量小，形成背景网格，如图 2-20 所示；然后将随机分布的骨料颗粒投影到背景网格上，根据基本单元所处的位置自动完成单元类型的识别，并赋予相应的材料属性。

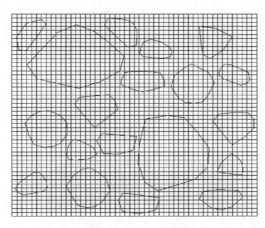

图 2-20　二维模型基本单元

　　单元类型的识别通过判断每一个基本单元的 4 个节点与骨料投影范围的相互位置关系实现。如图 2-21 示，如果某个基本单元的 4 个节点均落入骨料的投影范围内，则该单元的类型为骨料单元，赋予骨料的材料参数；若单元的 4 个节点均落入砂浆的区域内，则该单元的类型为砂浆单元，赋予砂浆的材料参数；若单元的 4 个节点既有落入骨料范围内的又有落入砂浆范围内的，则按下述方法处理：如果基本单元面积的 75%以上落入同一个骨料范围内，则该单元的类型为骨料单元，赋予骨料的材料属性；其他情况则为砂浆单元，赋予砂浆的材料属性。通过上述方法，即可对模型完成单元类型的自动识别和相应材料参数的赋值。图 2-22 为二维随机骨料模型采用网格投影方法自动划分的有限元网格。

　　2.　三维随机骨料模型有限元网格

　　三维随机骨料模型的网格划分也有两种方法：①利用商业有限元软件 ANSYS 对模型中的骨料和砂浆分别进行网格划分，但是，用 ANSYS 软件对骨料和砂浆分别进行网格划分之前，需要进行大量的布尔运算来获得待划分网格的砂浆域；②采用自编程序基于背景网格的方法对模型自动进行网格划分。通过实验，发现当试件包含的骨料颗粒数较多时，采用 ANSYS 软件进行布尔运算的速度很慢，且很难成功获得砂浆域，因此本书中三维随机骨料模型的网格划分采用第二种方法实现。

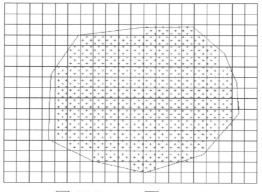

□ 砂浆单元　　⊡ 骨料单元

图 2-21　网格映射示意图

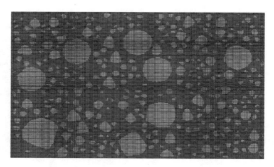

图 2-22　自编程序对二维模型进行网格划分

　　基于背景网格的网格划分，根据基本单元所处的位置自动完成单元类型识别和相应材料属性赋值，获得规则的结构化初始网格，但该方法在处理界面时有一个难点：混凝土在浇铸和成型过程中，由于骨料表面的边界效应，水泥颗粒在骨料表面附近形成一层特殊的界面结构，被称为界面过渡区（interface transition zone，ITZ）。界面过渡区是混凝土的薄弱环节，也是影响混凝土强度的重要因素。一般认为界面过渡区是包裹在骨料周围 10～50μm 的层状结构，虽然尺寸小，但由于与砂浆相比，具有低强度、低弹性模量、高孔隙率等特点，被认为是混凝土的最薄弱环节，对混凝土的强度、弹性模量和耐久性等方面的影响不容忽视[20]，且界面过渡区与骨料、砂浆不在一个尺度范围内，采用映射网格划分的方法在处理界面时就显得极为困难，部分学者也提出采用接触算法方式处理界面过渡区的性能，采用接触算法模拟界面可以较好地反映其力学特性，但由于接触的存在，给本来已经很复杂的细观模型带来了大量的计算量，其细观力学计算效率问题严重限制了其实际应用。针对上述问题，结合背景网格划分方法提出三种随机骨料模型中界面的处理方式，用于后续分析。

　　同样基于背景网格方法，采用三种不同的建模方式：

（1）仅考虑骨料与砂浆两相材料，基本单元面积的 75%以上落入同一个骨料范围内，则该单元的类型为骨料单元，赋予骨料的材料属性；其他情况则为砂浆单元，赋予砂浆的材料属性。二者之间采用共节点方式处理［图 2-23（a）］，命名为 M-WJ。

（2）考虑骨料、砂浆及界面三相材料，如果某个基本单元的 8 个节点均落入骨料的投影范围内，则该单元的类型为骨料单元，赋予骨料的材料参数；若单元的 8 个节点均落入砂浆的区域内，则该单元的类型为砂浆单元，赋予砂浆的材料参数；若单元的 8 个节点既有落入骨料范围内的又有落入砂浆范围内的，则该单元为界面单元，被赋值为界面的材料属性。三者之间同样采用共节点方式处理［图 2-23（b）］，命名为 M-ITZ。

（3）考虑骨料、砂浆及界面三相材料，此时网格划分时仍采用方法（1）中的思路，区别是二者之间采用接触算法的方式实现界面单元的建立［图 2-23（c）］，命名为 M-CON。

最终得到混凝土随机骨料模型各组成部分，见图 2-24。

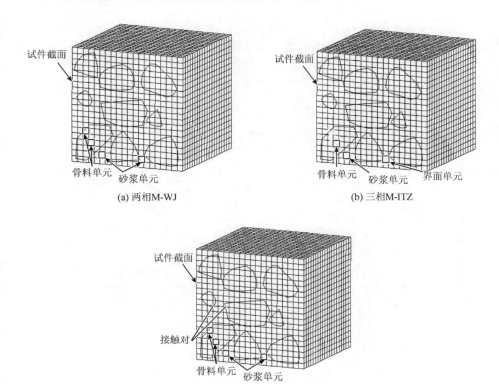

(a) 两相M-WJ　　　　　　　　　　　　(b) 三相M-ITZ

(c) 三相M-CON

图 2-23　三种随机骨料模型实现方式

(a) 骨料单元　　　　　　　　　(b) 砂浆单元　　　　　　　　　(c) 界面单元

图 2-24　随机骨料模型各组成部分

　　通过上述几个步骤，分别实现了基于随机骨料模型的混凝土细观组成程序，即二维（2D-RAM）及三维（3D-RAM），并完成了相应的界面开发（图 2-25）。界面中可以进行相关参数的修改，如模型尺寸、骨料含量、骨料级配及网格尺寸等。数据输出后：二维的导入 CAD 中转换为 ANSYS 能识别的.Sat 格式，然后导入 ANSYS 中；三维的直接输出.txt 文本，导入 ANSYS 中即可，应注意单位统一。

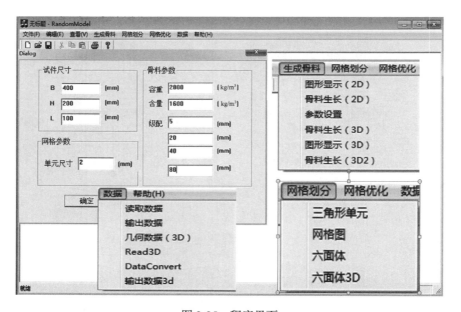

图 2-25　程序界面

参 考 文 献

[1]　杨强，程勇刚，张浩. 基于格构模型的岩石类材料开裂数值模拟[J]. 工程力学，2003，20（1）：117-126.

[2]　Lilliu G，Mier J G M V. 3D lattice type fracture model for concrete[J]. Engineering Fracture Mechanics，2003，70（7）：927-941.

[3]　Schlangen E，Garboczi E J. Fracture simulation of concrete using lattice models: computational aspects[J]. Engineering Fracture Mechanics，1997，57（2-3）：319-332.

[4]　Bazant Z P，Tabbara M R，Kazemi M T，et al. Random particle model for fracture of aggregate or fiber composites [J]. Journal of Engineering Mechanics，ASCE，1990，116：1686-1750.

[5]　唐春安，朱万成. 混凝土损伤与断裂-数值试验[M]. 北京：科学出版社，2003.

[6]　朱万成，唐春安，赵文，等. 混凝土试样在静态载荷作用下断裂过程的数值模拟研究[J]. 工程力学，2002，19（6）：148-153.

[7]　刘光廷，王宗敏. 用随机骨料模型数值模拟混凝土材料的断裂[J]. 清华大学学报，1996，36（1）：84-89.

[8]　宋玉普. 多种混凝土材料的本构关系和破坏准则[M]. 北京：中国水利水电出版社，2002：132-178.

[9]　周尚志. 混凝土动静力破坏过程的数值模拟及细观力学分析[D]. 西安：西安理工大学，2007.

[10]　尚岩. 大体积混凝土材料静、动力学性能数值模拟[D]. 南京：河海大学，2004.

[11]　杜修力，田瑞俊，彭一江，等. 冲击荷载作用下混凝土抗压强度的细观力学数值模拟[J]. 北京工业大学学报，2009，35（2）：214-217.

[12]　杨耀臣. 蒙特卡罗方法与人口仿真学[M]. 合肥：中国科学技术大学出版社，1999.

[13]　内维尔 A M. 混凝土的性能[M]. 北京：中国建筑工业出版社，1983：12-56.

[14]　乔英杰. 特种水泥与新型混凝土[M]. 哈尔滨：哈尔滨工程大学出版社，1997：45-198.

[15]　彭一江，黎保琨，刘斌. 碾压混凝土细观结构力学性能的数值模拟[J]. 水利学报，2001，6（10）：19-22.

[16]　王怀亮. 复杂应力状态下大骨料混凝土力学特性的试验研究和分析[D]. 大连：大连理工大学，2006.

[17]　Walraven J C，Reinhard H W. Theory and experiments on the mechanics behavior of cracks in plane and reinforced concrete subject to shear loading[J]. HERON，1981，26（1A）：26-33.

[18]　高政国，刘光廷. 二维混凝土随机骨料模型研究[J]. 清华大学学报，2003，43（5）：710-714.

[19]　刘光廷，高政国. 三维凸型混凝土骨料随机投放算法[J]. 清华大学学报，2003，43（8）：1120-1123.

[20]　于庆磊，杨天鸿，唐春安，等. 界面强度对混凝土拉伸断裂影响的数值模拟[J]. 清华大学学报，2006，12（6）：643-649.

第3章 混凝土本构模型选择及参数获取

材料的本构模型类型及参数是影响数值计算的主要因素，混凝土细观各组分的材料模型及参数决定了其宏观力学性能表现。本章以 Hanchak 钢筋混凝土靶板（单轴抗压强度为 48MPa）的穿透实验为基础，研究两种混凝土动态材料模型（HJC 及 K&C）在随机骨料模型靶板侵彻响应分析中的适用性和各自的特点，以及各自的参数获取方法。

3.1 靶板材料模型

根据随机骨料模型中各相介质的力学性能特点可知，骨料、砂浆及界面均为脆性材料，混凝土材料发生宏观静力破坏是由内部材料细观分布非均匀性引起的。

其破坏过程实际上就是微裂纹萌生、扩展、贯通，直到产生宏观裂纹，导致混凝土失稳破裂的过程，其裂纹主要沿骨料与砂浆的界面开展，界面及砂浆受拉发生破坏，裂纹基本上没有穿过骨料。

在动态冲击荷载作用下，混凝土材料破坏可能出现骨料发生破坏的情况，故在动态数值模拟中需要为各相介质选择合适的材料模型（如骨料主要受压，砂浆、界面主要为受拉破坏），从而较为真实地反映混凝土在冲击荷载作用下的响应过程。巫绪涛等[1]运用非线性有限元动力分析软件 LS-DYNA，将数值模拟与实验结果相结合，研究了混凝土 HJC 模型参数的确定方法，得到了 C60 混凝土的相关计算参数。匡志平等[2]根据相关的实验研究成果，提出了一种确定 K&C 模型强度参数值的方法，并阐述了 K&C 模型损伤参数值的调整方法。

本章选用 LS-DYNA 材料库中的两种材料本构进行对比，分别为 111#HJC 模型和 72#K&C 模型。

3.1.1 K&C 模型

K&C 模型是 72#混凝土损伤模型的升级版本，在保留了 HJC 模型优点的同时，在模型参数的确定方面作了简化[3]。它是一个三应力不变量模型，采用 3 个剪切失效面：初始屈服面、极限强度面和残余强度面（图 3-1）。

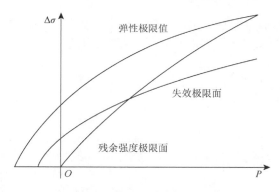

图 3-1　K&C 模型的压缩子午线

可以考虑应变率效应、损伤效应、应变强化和软化作用。用户只需要输入材料的编号和密度、无侧限抗压强度（需输入负值方可实现自动生成参数）、长度单位转换因子、应力单位转换因子和应变率提高系数曲线，就可以自动生成材料模型所需要的其他参数，包括状态方程*EOS_TABULATED_COMPACTION 的参数。自动生成的参数将在 LS-DYNA 的 message 文件中以标准的输入格式给出，其模型具体理论介绍可参考相关文献[4]，这里不再赘述，仅对 K&C 模型特点进行简单描述。

1. 失效面描述

在爆炸与冲击作用下，混凝土处于复杂的多轴应力状态。实验结果表明，混凝土的失效强度不仅随平均压应力的增加而增加，而且受应力状态的影响明显。例如，不同的侧向压应力会导致不等的三轴抗压强度；在三轴拉、压时，抗压强度会随着拉应力与压应力比值的变化而变化[5]，因此，在三维主应力空间中，混凝土的失效面既不是圆柱面也不是圆锥面。图 3-2 大致地显示出了混凝土失效面的形状。

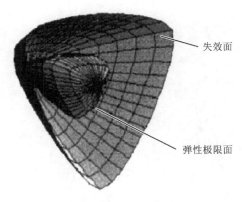

图 3-2　混凝土失效面示意图

K&C 模型失效极限面在偏平面上的表达方法采用 Willam-Warnke 方法，即采用椭圆去拟合 $0° \leq \theta \leq 60°$（θ 是 Lode 角）范围内的一部分，如图 3-3 所示。

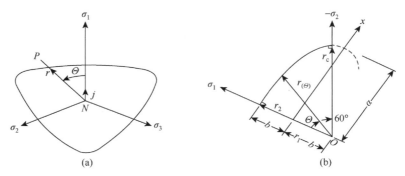

图 3-3　用 Willam-Warnke 方法表达 K&C 失效面

（a）William-Warnke 在偏平面上的投影；（b）$\frac{1}{4}$ 椭圆曲线部分（0°～60°）

2. 应变率效应

混凝土在低应变率下主要是由骨料、砂浆界面的微裂纹的产生和集结引起的，产生新的微裂纹面需要更多的能量，因而表现出应变强化。当这些微裂纹与骨料界面处的微裂纹共同贯通、桥接形成微裂纹区时，就产生了内部损伤。随着损伤的进一步积累，材料表现出损伤软化现象。在较高应变率下，变形机理更加复杂，裂纹将延伸到砂浆甚至骨料内，并可能穿透骨料。因而材料的强度、动模量、破坏应变随应变率的增大而提高[6]，混凝土是明显的应变率相关材料，K&C 模型也考虑了应变率效应的影响，在 K 文件中通过定义关键字 *DEFINE_CURVE 来描述应变率效应系数 γ_f 与应变率提高系数的关系曲线（图 3-4）。

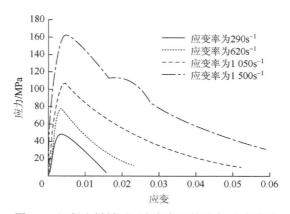

图 3-4　混凝土材料不同应变率下的应力-应变曲线

3. 失效判据

我们把判断混凝土是否达到破坏状态或极限强度的条件称为破坏准则。对于碎石混凝土的细观结构，分别定义每相材料的破坏准则，由于各相组成材料都属于弹脆性材料，所以均可以按照弹脆性材料采用相同的破坏准则。为了描述单元的失效，如结构的断裂、混凝土的裂纹等现象，在 LS-DYNA 中，部分材料模型自带失效判据，而大部分本身没有失效判据，故在数值模拟时引入失效判据，在 K 文件中添加关键字*MAT_ADD_EROSION。失效阈值在其他参数都确定的情况下，选取所需模拟实验的某一指标进行试探标定。在计算时，如果某一个单元的应力或应变状态达到失效判据描述的标准，则判定该单元失效，将该单元从模型中删除，不再参与承受荷载。

3.1.2　HJC 模型

HJC（Holmquist-Johnson-Cook）本构模型[7]是针对混凝土材料提出的一种率相关损伤型本构模型，用来计算混凝土高应变率下的大变形问题。由于该模型能够较好地描述混凝土在高速撞击与侵彻下的力学行为，适用于拉格朗日和欧拉算法，且使用方便，已被 LS-DYNA 程序引入，在数值模拟中得到了广泛应用。

HJC 模型主要包括三方面，即强度方程、损伤演化方程以及状态方程（图 3-5、图 3-6），其中，A 为特征化黏性强度；B 为特征化压力硬化因子；N 为压力硬化指数；C 为应变率影响系数；T^* 为无量纲拉伸强度；D 为损伤因子；σ^* 为特征等效应力；ε^* 为特征化应变率；S_{max} 为特征最大强度；P_{lock} 为压实点压力；P_{crush} 为压溃点压力；K_1、K_2、K_3 为压力常数；μ_{lock} 为第三阶段卸载压力为零时对应的体积应变；μ_{plock} 为压实点对应的体积应变；μ_{crush} 为压溃点体积应变。

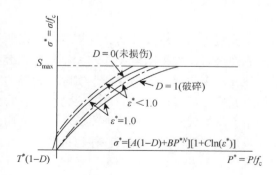

图 3-5　HJC 强度模型

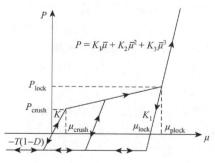

图 3-6　HJC 模型状态方程

以往学者对 HJC 模型研究较多，在此就不再赘述其具体原理，具体可以参考相关文献[7]。普通混凝土受压时，其泊松比 ν 的值为 0.14～0.2，高强度（抗压强度 $f_c >$ 41.8MPa）混凝土受压时的泊松比与普通混凝土相近或略大，计算中一般取 $\nu = 0.2$[8]。

由于 HJC 模型较为复杂，计算时所需要的参数较多，根据对 HJC 参数的敏感性分析，其 21 个参数中分别可以通过三种方式获取，如图 3-7 所示。

图 3-7　HJC 参数获取方法

注：ρ 为密度；f_c 为无侧限单轴抗压强度；T 为单轴抗拉强度；G 为剪切模量；$EFMIN$ 为累积塑性应变；
$EPSO$ 为参考应变率；FS 为失效控制参数；其余参数的含义同图 3-5、图 3-6。

需要的实验参数：密度、弹性模量、单轴抗压强度、单轴抗拉强度、压实的压力。需要的实验关系曲线：应力-压力、压力-体应变、应力-应变率。涉及的基本实验：混凝土密度实验、混凝土静态单轴抗压实验、混凝土受压弹性模量实验、混凝土圆盘劈裂实验、混凝土不同应变率单轴抗压实验、混凝土不同围压下抗压实验、混凝土不同应变率多轴抗压实验。

3.1.3　单元的尺寸效应影响分析

由于混凝土材料的非均匀性，采用有限元法对混凝土进行分析时，存在计算结果对网格尺寸的灵敏性问题，即采用的网格尺寸不同得到的计算结果也不同，计算结果失去其客观性。

通常情况下，可以用图 3-8 所示的单元应力与网格尺寸的关系来说明：在非线性分析中，当某个单元发生破坏，形成裂缝时，如果网格尺寸较大，则在裂缝端部的单元表现出的应力被平均化了，计算出来的单元应力就低于实际应力场的应力；如果网格尺寸较小，裂缝端部的单元应力就接近真实的奇异应力场。有限元方法中一般采用强度破坏准则，则采用大网格尺寸时，单元不易破坏；当采用较小单元尺寸时，即使施加很小的外荷载，其缝端单元的应力往往也很大，单元很容易发生破坏，从而导致数值计算结果与实验相差较大。文献[9]表明：数值计算结果很大程度上取决于分析者所选的网格尺寸，数值计算模型存在很强的"网格尺寸效应"。

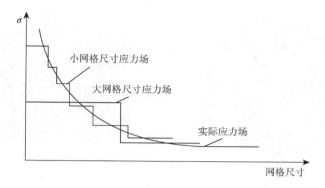

图 3-8　单元应力与网格尺寸的关系

　　故在混凝土非线性分析中，有限元模型需要针对所研究问题的特点、研究深度及计算效率等因素选择合适的网格尺寸。本节针对随机骨料模型，基于混凝土立方体单轴抗压数值模拟，研究随机骨料模型中网格尺寸的影响，选择合适的网格尺寸，为后续数值计算提供参考。

1. 模型基本情况

　　以 **LS_DYNA** 中静压强度为 42.5MPa 的混凝土算例为基础进行随机骨料模型投放，选择混凝土试样的尺寸为 150mm×150mm×150mm，模型由三相介质组成，即骨料＋砂浆＋界面，其中骨料级配为 5mm～10mm～20mm，骨料含量 1600kg/m³，依据随机骨料模型计算方法可以获得该混凝土试样的基本投放参数，具体见 2.2 节；顶部与底部采用 20mm 厚的钢板作为加载与支座构件（采用刚性模型），有限元模型见图 3-9；数值模型中混凝土三相材料均采用 HJC，具体材料参数见表 3-1，采用等效应变控制失效；边界条件的上边界以一定的位移-时间曲线进行竖向移动，下边界为固定位移边界。

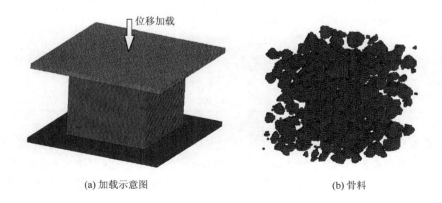

(a) 加载示意图　　　　　　　　　　(b) 骨料

(c) 砂浆　　　　　　　　　　　　　　　(d) 界面

图 3-9　立方体抗压有限元模型（见彩图）

表 3-1　HJC 模型中 48MPa 强度的混凝土各相材料本构参数[9]

材料	$\rho/(\text{kg/m}^3)$	G/GPa	f_c/MPa	T/GPa	$P_{\text{crush}}/\text{MPa}$	$P_{\text{lock}}/\text{GPa}$	M_{crush}	M_{lock}
骨料	2660	28.7	154	14	51	1.2	0.0016	0.012
砂浆	2280	12.07	41	85	13.7	0.8	0.001	0.1
界面	2000	10.77	20	85	6.67	0.8	0.001	0.1

2. 计算工况

结合文献[10]对随机骨料模型网格划分研究，为保证投放质量，网格尺寸宜采用最小骨料直径 $D_{\min}$ 的 1/10～1/5，这里为讨论网格尺寸对混凝土宏观力学性能的影响，选择几个工况进行数值模拟研究，表 3-2 给出了几种工况模型基本信息，模型其他的参数保持一致。分析获得应力-应变曲线（图 3-10）。

表 3-2　模型信息表

编号	模型尺寸/(mm×mm×mm)	网格尺寸/mm	单元数量/个	骨料最大尺寸/网格尺寸	模型生成时间/min
Case1	150×150×150	10	3 375	2	3
Case2	150×150×150	5	27 000	4	8
Case3	150×150×150	2	421 875	10	20
Case4	150×150×150	1	3 375 000	20	62
Case5	150×150×150	0.5	27 000 000	40	210

图 3-10 给出了不同网格尺寸下混凝土单轴受压应力-应变数值模拟结果，从图中可以看出：对于同一个 150mm×150mm×150mm 的混凝土立方体构件，当网格尺寸减小一半时，单元数增加 8000 倍，计算时间增加 70 倍。随着网格尺寸

的减小，抗压强度值逐渐逼近实验结果，网格尺寸为 2mm×2mm×2mm 时，计算得到的混凝土强度为 41.7MPa，与实验结果符合较好。因此，从计算精度及计算效率考虑，后续计算采用 2mm 的网格尺寸。

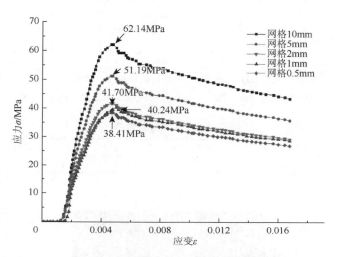

图 3-10　数值计算得到的不同网格尺寸下混凝土单轴压缩应力-应变曲线

3.1.4　模型有效性验证

为了验证自编程序生成的随机骨料模型用于混凝土侵彻问题数值模拟的有效性，此处基于二维和三维随机骨料模型对 Forrestal 等[11]的混凝土靶侵实验和 Hanchak 等[12]的混凝土靶穿透实验进行数值模拟，通过数值计算结果与实验数据的对比分析来验证模型用于模拟碎石混凝土侵彻问题的有效性。

1. Forrestal 的混凝土靶侵深实验数值模拟

Forrestal 等[11]进行了不同强度混凝土靶体的侵彻实验，得到了弹体在不同撞击速度下侵彻不同强度靶体的侵彻深度和加速度随时间变化的曲线。实验中靶体形状为圆柱形，直径 $D=1830$mm。靶体混凝土平均抗压强度分别为 23MPa 和 39MPa，其中 23MPa 混凝土的抗压强度标准偏差为 2.4MPa，39MPa 混凝土的抗压强度标准偏差为 5.4MPa。23MPa 混凝土中的骨料为花岗岩，39MPa 混凝土中的骨料为石灰岩，最大骨料粒径为 9.5mm。

实验中弹体形状为尖卵形，如图 3-11 所示，CRH（弹头曲率半径与弹体直径之比）= 3.0，质量为 13kg，直径 76.2mm，长 530.73mm，材料为 4340RC45 高强度钢，其材料参数见表 3-3[13]。

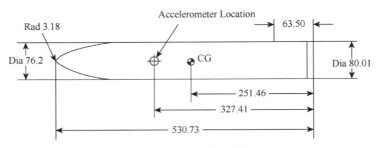

图 3-11　弹体形状与尺寸（单位：mm）

注：Dia 为直径；Rad 为弧度；Accelerometer Location 为加速度计的位置。

表 3-3　弹体材料参数

材料	密度/(kg/m³)	杨氏模量/MPa	屈服应力/MPa	硬化模量/MPa	泊松比
Case 4340 高强度钢	7.82×10^3	2.07×10^5	1.24×10^3	1.66×10^3	0.3

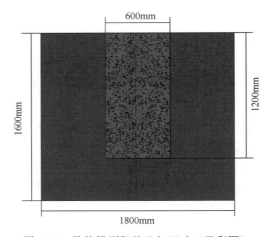

图 3-12　数值模型靶体几何尺寸（见彩图）

　　Forrestal 侵彻实验中混凝土靶板为圆柱形，整个侵彻过程中弹体的变形和质量损失很小，为此，数值模拟中将弹体对靶板的侵彻问题简化为轴对称问题，采用二维随机凸多边形骨料模型进行模拟。随机多边形骨料模型有限元分析时所需网格数目较大，为了节约计算资源，在靶板中心两侧 600mm 范围内用随机骨料模型建模，其余部分用单一连续均匀介质混凝土建模，几何模型如图 3-12 所示。靶体直径 1.8m、高 1.6m，随机骨料模型部分尺寸为：直径 0.6m，高 1.2m，网格尺寸 2mm×2mm×2mm。

　　弹体材料模型采用 LS-DYNA 中 MAT_PLASTIC_KINEMATIC 模型。23MPa 和 39MPa 混凝土中的骨料均采用文献[14]中花岗岩的参数。靶体中所有材料本构模型参数见表 3-4、表 3-5。

表 3-4　23MPa 强度的混凝土各相材料本构参数

材料	$\rho/(kg/m^3)$	f_c/MPa	G/GPa	K_1/GPa	K_2/GPa	K_3/GPa	P_{crush}/GPa	μ_{crush}	P_{clock}/GPa	μ_{plock}
砂浆	2100	21	11	85	171	208	0.007	0.0005	0.8	0.225
骨料	2660	154	28.7	14	20	25	0.051	0.0016	1.2	0.012
混凝土	2040	23	11.7	85	171	208	0.008	0.0005	0.8	0.225

表 3-5　39MPa 强度的混凝土各相材料本构参数

材料	$\rho/(kg/m^3)$	f_c/GPa	G/GPa	K_1/GPa	K_2/GPa	K_3/GPa	P_{crush}/GPa	μ_{crush}	P_{clock}/GPa	μ_{plock}
砂浆	2100	27.2	13.9	85	171	208	0.009	0.0008	0.8	0.1
骨料	2660	154	28.7	14	20	25	0.051	0.0016	1.2	0.012
混凝土	2250	39	13.7	85	171	208	0.013	0.0007	0.8	0.1

通过计算得到了不同撞击速度下混凝土靶的侵彻结果。表 3-6 给出了弹体在不同撞击速度下的侵彻深度以及与相应实验值比较的相对误差。从表 3-6 中的数据可以看出，除弹体以 456m/s 的速度侵彻 39MPa 强度的混凝土外，数值模拟得到的侵深值与实验侵深值相差不大，误差均不超过 13%。弹速 456m/s、靶体强度 39MPa 的数值模拟侵深值与实验侵深值相对误差较大，其可能原因是：①实验结果分散性较大，Forrestal 等[11]给出的分析结果显示有类似的问题；②实验中 39MPa 混凝土中的骨料为石灰岩，而数值模型中的骨料参数是采用的花岗岩在动载下的参数，且花岗岩的强度比石灰岩更高。

表 3-6　弹体侵彻深度实验值与数值模拟值的对比

靶体强度/MPa	弹体初速度/(m/s)	侵彻深度/mm		误差/%
		实验值	模拟值	
	139	240	269	12.1
	200	420	425	1.0
23	250	620	576	7.1
	337	930	920	1.1
	379	1180	1097	7.0
	238	300	329	9.7
	276	380	390	2.6
39	314	450	465	3.3
	370	530	584	10.2
	456	940	785	16.5

图 3-13 给出了弹体以不同初速度侵彻靶体的加速度随时间变化的曲线，并与实验数据和 Forrestal 理论模型做了对比。从图 3-13 中可以看出，数值模拟的弹体加速度曲线的变化趋势与实验曲线及理论模型一致：弹体撞击混凝土后所受的阻力迅速增大，加速度很快达到峰值，随后加速度值维持在峰值附近，随着侵深的增加，弹速逐渐降低，加速度值也随之减小。

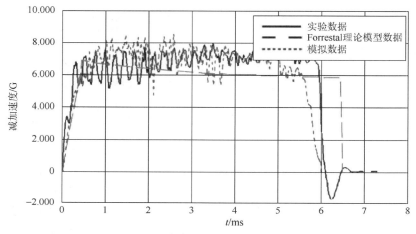

(a) 弹速379m/s、混凝土靶强度23MPa

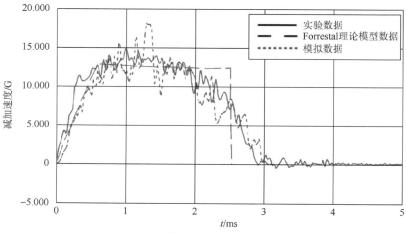

(b) 弹速276m/s、混凝土靶强度39MPa

图 3-13　弹体加速度随时间的变化曲线

上述数值模拟计算结果同实验数据及 Forrestal 理论模型的对比分析表明，基于随机骨料模型的混凝土侵彻数值模拟可以获得与实验基本一致的侵深值和加速度随时间变化的曲线，证明了该模型用于混凝土侵彻数值模拟的有效性。

　　同时，该模型还给出了侵彻过程中靶体的破坏现象。图 3-14 给出了弹速为379m/s、混凝土强度为 23MPa 和弹速为 456m/s、混凝土强度为 39MPa 的靶体的最终破坏现象。由图 3-14 可见，弹体撞击混凝土后，混凝土发生压缩和剪切变形，产生剥落，在撞击处形成漏斗坑，且漏斗坑处可以看到飞离靶体的碎片，包括小块的砂浆及包裹着砂浆的骨料，这对实验中混凝土侵彻破坏时弹体撞击处形成的碎块飞溅有一定的反映。从靶体的破坏过程可以看到，弹体下方和离弹体较近的骨料直接发生破坏，而离弹体较远区域的骨料没有破坏，裂纹绕过骨料从砂浆中穿过，这是因为离弹体较近区域的材料吸收的能量较大，足以使骨料发生破碎，离弹体较远区域的材料吸收的能量已不足以使裂纹直接贯穿骨料，而是从相对较为薄弱的砂浆中绕过。整个侵彻过程中弹体几乎没有变形，这与文献[11]中的实验结果基本一致。上述靶体的破坏现象表明，混凝土材料细观的非均匀性对靶体的破坏现象有很大影响，由于实验技术和测试手段的限制，侵彻过程中的某些参数和现象很难通过实验直接获得（如裂纹在靶体中的形成和扩展方式以及骨料对裂纹形成和扩展的影响等），通过基于随机骨料模型的数值模拟对这一过程进行研究，可以很方便地展现侵彻全过程的细节，有助于描述和解释细观结构与宏观力学性能的关系。图 3-15 给出了弹体以 379m/s的速度侵彻 23MPa 强度的混凝土靶和以 456m/s 的速度侵彻 39MPa 强度的混凝土靶时不同时刻的压力云图，从压力云图中可以看出，弹头附近区域中压力场是非连续的，部分区域中骨料和砂浆的压力值不同，直观地再现了靶体内压力场的分布特点。

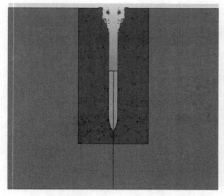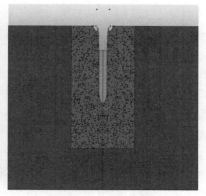

(a) 弹速379m/s、混凝土靶强度23MPa　　　　　(b) 弹速456m/s、混凝土靶强度39MPa

图 3-14　混凝土靶破坏现象

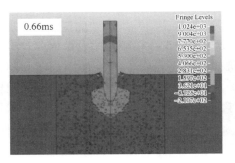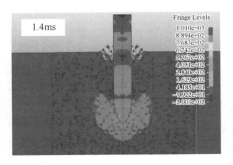

(a) 弹速379m/s、混凝土靶强度23MPa

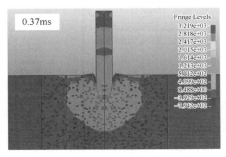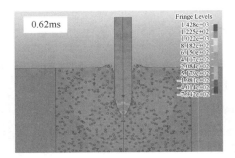

(b) 弹速456m/s、混凝土靶强度39MPa

图 3-15　混凝土靶不同时刻的压力云图

2. Hanchak 混凝土靶穿透实验数值模拟

Hanchak 等[12]对混凝土单轴抗压强度为 48MPa 和 140MPa 的钢筋混凝土靶板分别进行了穿透实验，得到了弹体以不同速度撞击靶板后的剩余速度和靶板最终的破坏形式。此处选取单轴抗压强度为 48MPa 的钢筋混凝土靶板的穿透实验为研究对象，分别用假三维随机骨料模型和三维随机骨料模型对其进行了数值模拟和分析。

Hanchak 混凝土靶穿透实验简介：实验中靶板外形尺寸及靶体中钢筋布置方式如图 3-16 所示；靶板混凝土的单轴抗压强度为 48MPa，混凝土中最大骨料粒径为 9.5mm，骨料莫氏硬度为 6.6；混凝土配合比见表 3-7。

实验用弹体形状为尖卵形，CRH = 3.0，如图 3-17 示，质量为 0.5kg，直径 25.4mm，长 143.7mm，材料为高强度钢，密度为 8.02kg/m^3，屈服强度为 1.72GPa。

从 Hanchak 等的实验中发现，钢筋对于弹丸侵彻剩余速度的影响很小，所以建立的靶板的数值模型中没有考虑钢筋的作用。本章基于假三维随机骨料模型和三维随机骨料模型分别建立了混凝土靶板的数值模型，为了观察模型中骨料的不均匀分布对弹体侵彻的影响和减少计算量，模型均建为 1/2 模型。如图 3-18 所示，

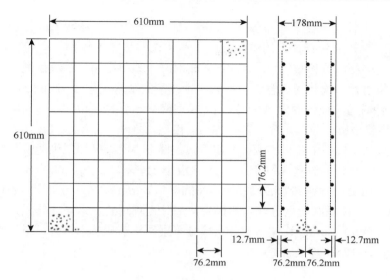

图 3-16　靶板几何尺寸

表 3-7　混凝土（48MPa）配合比

组分	所占比例
水泥	1.0
水	0.41
砂	2.24
石	3.14
湿密度	2440kg/m³

注：这里混凝土的配合比是表示各组分的质量之比，1.0 表示以水泥为比例对象作为比例标准，即 1.0 表示混凝土中水泥质量/水泥质量。0.41 表示水的质量/水泥质量；2.24 表示砂的质量/水泥的质量；3.14 表示石的质量/水泥的质量。具体可参考混凝土配合比设计规范：《普通混凝土配合比设计规程》（JGJ/55——2011）。

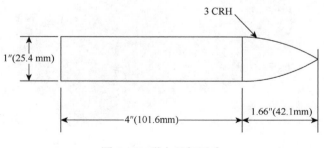

图 3-17　弹丸几何尺寸

模型一是基于二维随机骨料模型建立的非真正意义上的三维模型，即假三维模型。

方法为沿垂直骨料所在平面拉伸 200mm，拉伸以后骨料的形状为柱状，这与真实混凝土中的骨料形状有一定的差别，但由于建立的是 1/2 模型，弹和靶体对称面上拉伸方向的相应位移被约束，因此可以相对减小该模型用于混凝土靶体侵彻问题规律性分析时模型简化对计算结果的影响。模型的基本尺寸为 600mm×178mm×200mm，骨料的粒径范围为 5～10mm。模型网格划分时在拉伸方向采用网格渐变技术，最终整个模型的单元数目为 323155。模型二是基于三维随机骨料模型建立的三维数值模型，模型中靶板由两部分组成，靶板中心附近采用三维随机骨料模型建模，其余部分采用连续均匀介质建模。模型的基本尺寸为 600mm×178mm×300mm，其中随机骨料部分的尺寸为 400mm×178mm×100mm，骨料的粒径范围为 5～10mm。模型网格划分时，随机骨料部分为规则的正六面体单元，网格尺寸为 2mm×2mm×2mm。连续均匀介质部分采用网格渐变技术划分，最终整个模型的单元数目为 1752840。

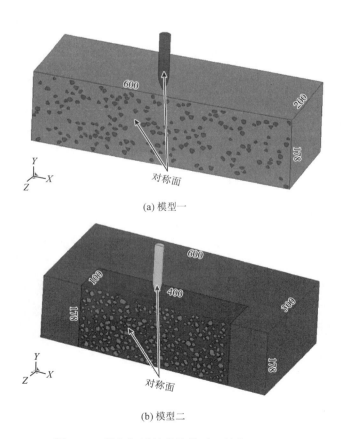

(a) 模型一

(b) 模型二

图 3-18　弹和靶板的数值模型（单位：mm）

从文献[12]中可知，实验后回收的弹丸损伤很小，因此模型一和模型二中弹体的材料模型采用 LS-DYNA 中的 MAT_PLASTIC_KINEMATIC 模型，模型参数见表 3-8。靶体中各相材料均采用 HJC 本构模型描述其在高压、高应变率下的力学响应，模型一和模型二中混凝土各相材料部分本构模型参数如表 3-9 所示。模型一和模型二中砂浆和骨料的参数基本相同，只是模型一用的是 HJC 模型中的 FS 值控制单元的失效，而模型二采用滑移线侵蚀判断准则*MAT_ADD_EROSION 作为单元的失效准则。

表 3-8　弹体材料参数

$\rho/(kg/m^3)$	E/GPa	μ	ρ/MPa	E_t/GPa
8020	210	0.3	1720	21.0

表 3-9　模型中混凝土各相材料本构参数

材料	$\rho/(kg/m^3)$	f_c/MPa	G/GPa	K_1/GPa	K_2/GPa	K_3/GPa	P_{crush}/MPa	μ_{crush}	P_{clock}/GPa	μ_{plock}
砂浆	2280	41	9.5	85	171	208	13.7	0.001	0.8	0.1
骨料	2660	154	28.7	14	20	25	51	0.0016	1.2	0.012
混凝土	2440	48	14.86	85	171	208	16	0.001	0.8	0.1

通过计算得到了模型一和模型二中弹丸侵彻靶体后的剩余速度，见表 3-10。图 3-19 为弹丸撞击速度（V_s）与剩余速度（V_r）间的关系，从图中可以看出，弹丸撞击速度为 360～1058m/s，基于模型一和模型二的数值模拟结果与实验结果基本一致，两者的误差均在 10%以内。

表 3-10　弹丸剩余速度的实验和模拟值

撞击速度/(m/s)	剩余速度/(m/s)		
	实验值	模型一模拟值	模型二模拟值
360	67	73.0	56.8
381	136	156.6	125.1
434	214	237.4	203.9
606	449	469.8	424.5
749	615	633.0	582.7
1058	947	963.3	904.5

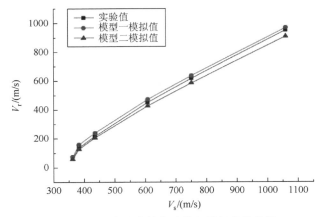

图 3-19　剩余速度的实验值与模拟值的比较

　　图 3-20 是弹丸以 750m/s 的速度侵彻时混凝土靶板的数值模拟结果。从图中可以看出：模型一和模型二中靶体均形成正面漏斗状开坑，中间部位形成柱形孔道，背面产生崩落的破坏现象，弹体出靶后的形状和姿态基本上没有改变；模型一中靠近靶板背面的骨料破坏时有弯曲的现象，这与真实骨料的破坏有一定区别，主要原因是假三维中骨料被简化为柱状；模型二中靶体背面的崩落现象反映得不是很好，且正面的开坑较小。

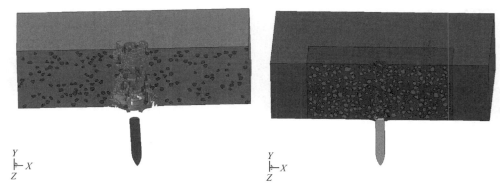

图 3-20　弹丸以 750m/s 的速度侵彻时靶板的破坏图（见彩图）

　　图 3-21 为实验中弹丸以 750m/s 的速度侵彻时靶板正、背面的破坏现象。从图中可以看出，数值模拟结果与实验所得的靶板破坏现象基本一致，只是数值模拟所得的靶板正、背面的破坏半径和深度小于实验结果，此现象有待进一步研究。图 3-22 给出的是模型二中靶体的损伤图，从图中可以看出，靶板正面的损伤范围比背面的损伤范围小，弹道周围砂浆和骨料损伤的分布不均匀，砂浆的损伤比骨料更严重，这从一定程度上反映了图 3-22 中靶体正面开坑和背面崩落区域形状不规则的特点。

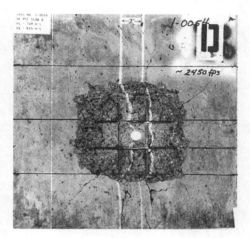

图 3-21　弹丸以 750m/s 侵彻时实验靶板正、背面破坏图

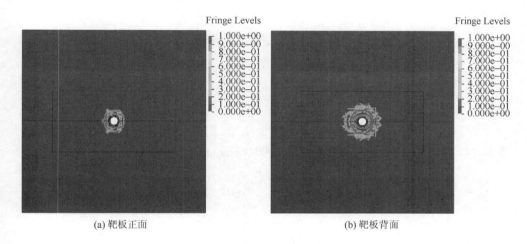

(a) 靶板正面　　　　　　　　　　　　　　　(b) 靶板背面

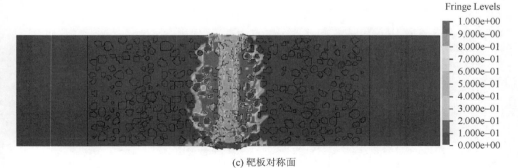

(c) 靶板对称面

图 3-22　模型二中靶板的损伤图（见彩图）

　　上述数值模拟结果表明，所建立的弹丸侵彻混凝土的假三维随机骨料模型和真三维随机骨料模型得到的剩余速度和靶板破坏现象与实验的一致性比较好，表明了模型一和模型二用于混凝土靶穿透问题数值模拟的有效性。

　　模型一和模型二网格划分的单元数目表明，靶体尺寸相同时，三维随机模型的单元数比假三维随机骨料模型的单元数要多，这是由于假三维随机骨料模型中骨料被简化为柱状，因此在拉伸方向可以采用网格渐变的方式划分，而三维随机骨料模型网格划分时采用的是规则的正六面体单元，所以单元数目较多。有限元求解时，计算模型单元数目的增加意味着对计算资源的要求更高，从模型一和模型二的计算结果可以看出，虽然模型一中骨料的破坏有些失真，但仍然可以在一定程度上获得与实验数据相一致的结果，这表明当计算资源有限时可以采用假三维模型来获得对混凝土侵彻问题的一些规律性认识。

3.2　两种材料模型数值模拟对比分析

3.2.1　分析工况

　　计算工况采用Hanchak的48MPa穿透实验，靶板及弹体尺寸的参数见图3-23、图3-24，其余相关参数可以参见 3.1.4 节中 Hanchak 实验验证部分。根据前文对

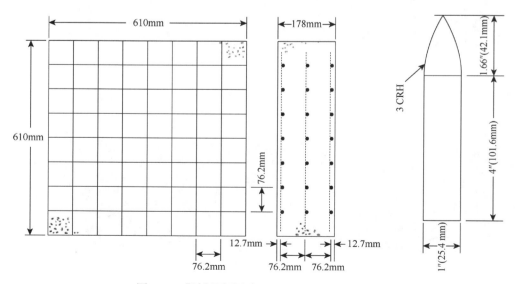

图 3-23　靶板几何尺寸　　　　　　　　　　　　　　图3-24　弹丸几何尺寸

两种模型的介绍，分别采用 HJC 及 K&C 模型描述混凝土随机骨料模型中各相介质材料的属性，其中 K&C 模型及 HJC 模型参数见表 3-11、表 3-1，采用最大主应变失效。

表 3-11　K&C 模型中混凝土各相材料本构参数

材料	$\rho/(kg/m^3)$	PR	f_t/MPa	f_n/MPa	RSIZE	UCF
骨料	2660	0.16	10	154		
砂浆	2280	0.22	3.7	41	394	145
界面	2000	0.16	2	20		

注：PR 为泊松比；f_t 为抗拉强度；f_n 为抗压强度；RSIZE 和 UCF 为调整系数。

通过计算得到了 K&C 模型和 HJC 模型中弹体侵彻靶体后的剩余速度，见表 3-12。图 3-25 为弹体撞击速度与剩余速度间的关系，从图中可以看出，弹体撞击速度为 360～1058m/s，基于 K&C 模型和 HJC 模型的数值模拟结果与实验结果基本一致，两者的误差均在 15%。弹体撞击速度为 360m/s 时，数值模型在低速入侵的时候有较大误差，可能与数值模型的缺陷有关，具体原因还需进一步探究。

表 3-12　弹丸剩余速度的实验和模拟值

撞击速度/(m/s)	剩余速度（m/s）及误差（%）				
	实验值	K&C	误差	HJC	误差
360	67	89	32.85	56	16.41
381	136	152	11.76	125	8.08
434	214	237	10.74	203	5.14
606	449	463	3.11	424	5.56
749	615	633	2.92	582	5.36
1058	947	963	1.68	904	4.54

3.2.2　计算结果分析

图 3-26 为弹体以 749m/s 的速度侵彻时靶板的损伤模拟分布图。弹体撞上混凝土靶板会产生冲击波。在冲击波的冲击荷载作用下，混凝土靶板发生压缩损伤，

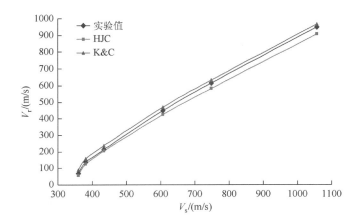

图 3-25　剩余速度实验值与模拟值的比较

正面弹着靶点附近出现开坑，并且有混凝土碎块向外飞散。随着弹体的不断深入，正面弹着点附近的混凝土在卸载波的作用下，拉伸损伤迅速发展，微裂纹损伤被激活，形成应力释放区，并产生累积损伤；损伤不断积累，从而导致材料力学性能的劣化和最终的开裂破坏，弹头附近的材料中裂纹不断萌生、发展，进而连通形成裂隙，并迅速沿径向发展，形成径向裂纹。弹体接近靶体背面时，自由面反射的稀疏波对靶体背面材料起拉伸作用，最终出现较为集中的拉伸损伤断裂，表现为靶体背面的大面积崩落和层裂。弹体出靶后的形状和姿态基本上没有改变。弹道周围骨料、砂浆和界面的损伤分布不均匀，界面包裹着骨料，界面的损伤比砂浆更严重，而砂浆的损伤比骨料更严重，由于骨料的随机分布，正面和背面的开坑并不是正圆的。图 3-27 为弹体以 749m/s 的速度侵彻时靶板正、背面破坏图，靶板正面开坑和背面崩落直径为弹体直径的 5～8 倍。可以看出，K&C 模型的数值模拟效果与实验吻合较好。

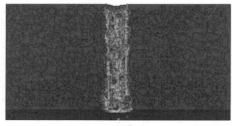

(a) HJC模型

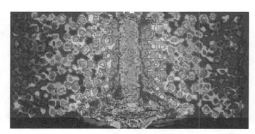

(b) K&C模型

图 3-26　弹体以 749m/s 的速度侵彻时靶板的损伤模拟图

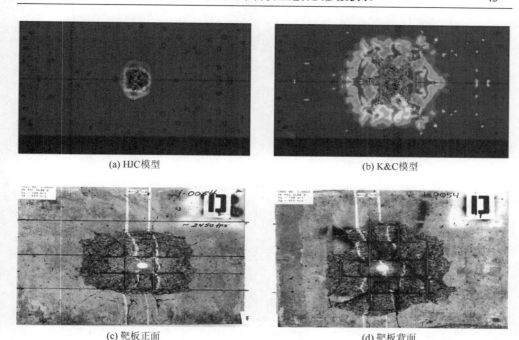

(a) HJC模型　　　　　　　　　　　　　　　　(b) K&C模型

(c) 靶板正面　　　　　　　　　　　　　　　　(d) 靶板背面

图 3-27　弹体以 749m/s 的速度进行侵彻实验及数值计算时靶板正、背面破坏图

从图 3-28 中可以看出，K&C 模型弹体撞击靶板的速度越大，靶板正面开坑越大，背面混凝土的剥落面积也越大，靶板中弹孔内壁的崩落也越明显；靶板剥落区基本都是沿着界面单元展开。HJC 模型靶板正、背面的破坏半径和深度均小于实验结果，由于 HJC 本构模型未考虑材料的拉伸损伤，其拉伸行为用一个固定的"拉伸截止压力"来考虑其拉伸极限，未考虑混凝土的应变率增强效应，不能准确地模拟裂纹扩展以及开坑现象。

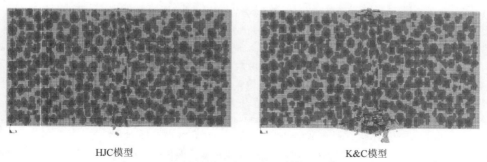

HJC模型　　　　　　　　　　　　　　　　K&C模型

(a) 弹体以434m/s的速度撞击时的出靶图

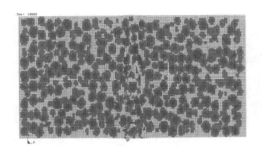 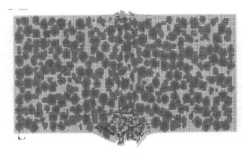

HJC模型　　　　　　　　　　　　　K&C模型

(b) 弹体以749m/s的速度撞击时的出靶图

图 3-28　弹体不同撞击速度的出靶图

3.3　本 章 小 结

本章通过对两种用于混凝土动态响应数值模拟的本构模型（K&C、HJC）进行分析，给出了两种模型参数的获取方法，并结合 Hanchak 混凝土靶板穿透实验进行了模型对比分析。数据表明，K&C 模型在混凝土侵彻模拟中可以反映混凝土的拉伸破坏，而混凝土细观模型主要由骨料、砂浆及界面构成，在冲击荷载作用下的破坏多数是沿着界面及砂浆产生的受拉破坏，在这一点上 K&C 模型相对于 HJC 模型来说具有一定的优势，且 K&C 模型参数较少，容易获取；HJC 模型参数较多，且通过实验仅能确定部分参数，其余参数需要通过计算反推得到，针对 HJC 参数的研究也有非常多的结论，不利于其广泛使用，若仅是进行宏观现象及规律性分析，HJC 相关的实验数据较多，应用也较为成熟，此时可以采用该模型。故在混凝土细观层次上的侵彻问题计算应根据不同的分析角度选择 HJC 模型或K&C 模型。

参 考 文 献

[1] 巫绪涛，李耀，李和平. 混凝土 HJC 本构模型参数的研究[J]. 应用力学学报，2010，27（2）：340-344.

[2] 匡志平，陈少群. 混凝土 K&C 模型材料参数分析与模拟[J]. 力学季刊，2015，（3）：517-526.

[3] Malvar L J, Crawford J E, Wesevich J W, et al. A plasticity concrete material model for DYNA3D[J]. International Journal of Impact Engineering，1997，19（9-10）：847-873.

[4] 过镇海. 混凝土的强度和本构关系：原理与应用[M]. 北京：中国建筑工业出版社，2004.

[5] 闫东明，林皋. 影响混凝土动态性能的因素分析[J]. 世界地震工程，2010，26（2）：30-36.

[6] Holmquist T J，Johnson G R. A computational constitutive model for glass subjected to large strains，high strain rates and high pressures[J]. Journal of Applied Mechanics，2011，78（5）：051003.

[7] Jackson N，Dickert S. The 14th international symposium on ballistics[C]. USA：American Defense Prepareness Association，1993：591-600.

[8] 黄士元，蒋家奋. 近代混凝土技术[M]. 上海：陕西科学技术出版社，1998.

[9] 刘海峰，宁建国. 冲击荷载作用下混凝土材料的细观本构模型[J]. 爆炸与冲击，2009，29（3）：261-267.

[10] 唐欣微，秦川，张楚汉. 基于细观力学的混凝土类材料破损分析[M]. 北京：中国建筑工业出版社，2012.

[11] Forrestal M J，Frew D J，Hickerson J P，et al. Penetration of concrete targets with deceleration-time measurements[J]. International Journal of Impact & Engineering，2003，28（5）：479-497.

[12] Hanchak S J，Forrestal M J，Young E R，et al. Perforation of concrete slabs with 48 MPa and 140 MPa unconfined compressive strengths[J]. International Journal of Impact Engineering，1992，12（1）：1-7.

[13] Warren T L，Fossum A F，Frew D J. Penetration into low-strength（23MPa）concrete：target characterization and simulations[J]. International Journal of Impact Engineering，2004，30（5）：477-503.

[14] 王政，楼建锋，勇珩，等. 岩石、混凝土和土炕侵彻能力数值计算与分析[J]. 高压物理学报，2010，24（3）：175-180.

第4章 界面参数对靶板侵彻过程的影响

混凝土中界面过渡区（ITZ）与骨料、砂浆等基体相比，具有低强度、低弹性模量和高渗透性等特点，从而导致混凝土性能（如强度、弹性模型、断裂性能）在很大程度上与其几何和物理性能有关，ITZ 的几何形态表征对混凝土材料的宏观性能有较大影响，故在数值建模过程中，需要对其进行分析讨论。界面过渡区具有低强度、低弹性模量、高孔隙率等特点，被认为是混凝土的最薄弱环节，其在细观模型中的物理参数表征对混凝土材料的宏观性能有较大影响，从已有文献[1]的数值实验可以看出，界面对弹体在靶体内的侵彻姿态和出靶速度有一定的影响。

为了对比分析界面对侵彻的影响，以混凝土靶板侵彻为典型代表工况，在 2.2.6 节提出的三种随机骨料模型中界面处理方式的基础上，模拟分析界面建模方式对混凝土靶板侵彻过程的影响。数值模型相关参数仍然沿用第 3 章中的参数。

4.1 界面处理方法

4.1.1 计算工况

选取 Hanchak 实验中单轴抗压强度为 48MPa 的钢筋混凝土靶板的侵彻实验为研究对象，进行连续均匀介质模型及前述三种随机骨料模型在速度为 360～1058m/s 时的侵彻过程分析。

1. 有限元模型尺寸及相关参数

根据文献[2]，在有限元计算中，为了观察模型中骨料的不均匀分布对弹体侵彻的影响和减少计算量，利用对称性建立 1/2 模型，基本尺寸为 610mm×200mm×178mm，网格尺寸 2mm×2mm×2mm，弹体尺寸与 3.1.4 节中的 Hanchak 实验保持一致，并且由于骨料在模型中是随机分布的，为考虑不同位置骨料对侵彻的影响，采用统计学思想，选择多个弹丸位置对同一随机骨料模型的侵彻计算方法，然后通过数理统计方法得到结果变量的数值,模型简图及有限元模型图见图 4-1～图 4-3。

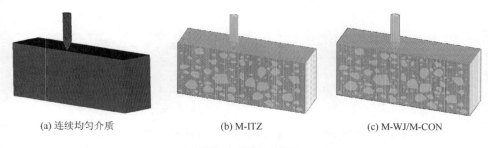

(a) 连续均匀介质　　　　(b) M-ITZ　　　　(c) M-WJ/M-CON

图 4-1　有限元模型

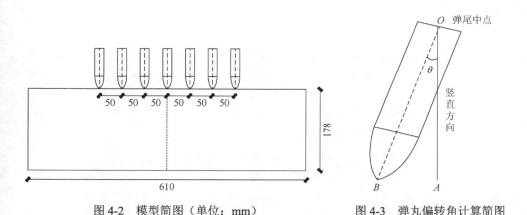

图 4-2　模型简图（单位：mm）　　　　图 4-3　弹丸偏转角计算简图

弹体材料模型采用 LS-DYNA 中的 MAT_RIGID 模型，模型参数见表 4-1；混凝土靶板采用 K&C 模型[3]（对该模型的描述具体可见第 3 章），根据参考文献[4]及 Hanchak 实验计算反演得到混凝土各相材料部分本构模型参数如表 4-2 所示，其中接触模型采用固连断开接触类型[5]、拉伸失效强度和剪切失效强度的取值参考文献[6]，并结合实验数据计算得到拉伸失效强度为 0.58MPa，剪切失效强度为 0.725MPa。骨料及砂浆采用滑移线侵蚀判断准则作为单元的失效准则。

表 4-1　弹体材料参数

ρ /(kg/m³)	E/GPa	μ	σ_s /MPa	E_t/GPa
7820	210	0.3	1720	21.0

表 4-2　模型中混凝土各相材料本构参数

材料	ρ /(kg/m³)	PR	f_t/MPa	A_0/MPa	$RSIZE$	UCF
骨料	2660	0.16	10	154	3.94E2	145

续表

材料	ρ /(kg/m³)	PR	f_t/MPa	A_0/MPa	$RSIZE$	UCF
砂浆	2280	0.22	3	41		
界面	2280	0.16	2	20		
混凝土	2440	0.2	5	48		

注：PR 为泊松比；f_t 为抗拉强度；A_0 为抗压强度；$RSIZE$ 和 UCF 为调整系数。

4.1.2　计算结果分析

1. 剩余速度

表 4-3 为采用四种模型对 Hanchak 实验中强度为 48MPa 的混凝土侵彻后弹丸剩余速度值的统计，图 4-4 为剩余速度比值随初始速度变化的趋势图。从表中可以看出，弹丸撞击速度为 360～1058m/s，除了 360m/s 低速侵彻（对于该速度及更低速度需要进一步的分析），以其余速度侵彻时基于连续均匀介质和三种随机骨料模型的数值模拟结果与实验结果基本一致，误差都在 20% 以内，是可以接受的范围，说明数值计算方法可以较好地反映弹丸对混凝土靶板的侵彻过程。

对比连续均匀模型及随机骨料模型可知，在同一组参数下，二者的剩余速度数值差距随着速度的增加逐渐减小，低速时相差幅度大，随后逐渐趋于平稳，1058m/s 时已经达到 0.87%，说明在不考虑其他因素的影响下，当弹体速度逐渐增大时，混凝土的细观组成对侵彻过程中剩余速度的影响越来越小。综合数值分析结果可知，若仅针对弹体侵彻混凝土靶板中的剩余速度进行研究，随机骨料模型与连续均匀模型计算结果基本一致，从计算效率及建模复杂程度来说，采用连续均匀介质模型即可。

表 4-3　四种模型模拟 Hanchak 实验中强度为 48MPa 的混凝土的剩余速度及误差

撞击速度 /(m/s)	剩余速度（m/s）及误差（%）（误差均为与实验值比较结果）								
	实验值	连续均匀介质	误差	两相模型	误差	M-ITZ	误差	M-CON	误差
360	67	86	28.3	57	15.2	90	34.3	81	20.9
381	136	140	2.9	125	8.1	156	14.7	145	6.6
434	214	228	6.5	204	4.7	237	10.8	234	9.3
606	449	452	0.7	425	5.3	469	4.5	441	1.8
749	615	603	2.0	583	5.2	633	2.9	609	1.0
1058	947	919	3.0	905	4.4	963	1.7	927	2.1

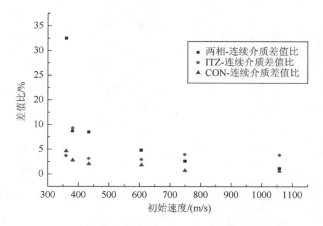

图 4-4　剩余速度差值比随初始速度变化的趋势图

2. 弹丸偏转角度

在弹壳体段的中轴线上选择弹尾中点 O 和弹丸头部点 B 的连线 OB 与竖直方向 OA 所成的夹角 θ 来描述弹体姿态的改变，如图 4-3 所示，偏转角为正表示弹往左侧偏转，为负表示向右侧偏转。由于实验中侵彻工况较多，为把主要篇幅留在对侵彻物理现象的分析中，故以下部分仅以典型侵彻速度 749m/s 为研究对象，弹丸偏转角示意图只展示位置 1（中心线为 –50mm），如图 4-5 所示，着重分析不同建模方式对偏转角度的影响。

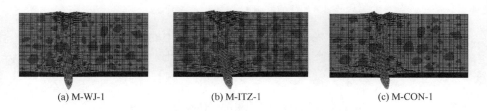

(a) M-WJ-1　　　　　　　　(b) M-ITZ-1　　　　　　　　(c) M-CON-1

图 4-5　弹丸出靶时的偏转角（见彩图）

由表 4-4、图 4-6 和图 4-7 可以看出，连续均匀介质模型中弹丸在侵彻过程中基本没有发生偏转；不考虑界面的时候弹丸偏转的走向与考虑界面时不同，考虑界面时弹丸更容易发生偏转，这是因为界面是混凝土材料中最薄弱的环节，弹丸在侵彻的过程中会沿着薄弱环节前进。由于 M-ITZ 模型有界面单元，且其参数比砂浆单元小很多，而 M-CON 模型没有界面单元，砂浆所占的体积含量要比 M-ITZ 略高，混凝土靶板的均匀程度也比 M-ITZ 略高，因此弹丸姿态发生偏转也比 M-ITZ 模型略小。

表 4-4　入射速度 749m/s 弹丸偏转角

数值模型	位置	偏转角/(°)
M-WJ	WZ1	−4.73
	WZ2	0.10
	WZ3	2.03
M-ITZ	WZ1	−14.96
	WZ2	5.28
	WZ3	4.26
M-CON	WZ1	−13.98
	WZ2	4.35
	WZ3	3.26

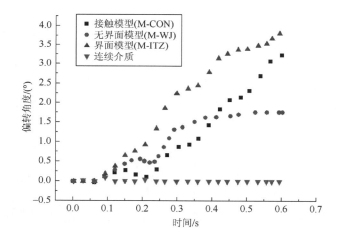

图 4-6　749m/s 偏转角度随侵彻时间变化趋势

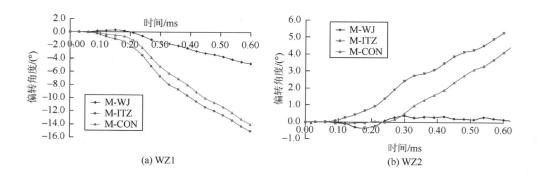

(a) WZ1　　　　　　　　　　　(b) WZ2

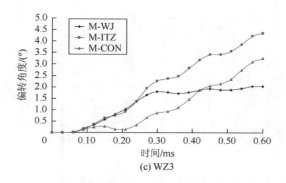

(c) WZ3

图 4-7　弹丸姿态示意图

3. 靶板破坏模式

图 4-8 给出了实验及四种有限元模型靶板侵彻中前坑的破坏情况，从实验图中可以看出，根据钢筋位置大致可以估算靶板前坑影响面积约为 0.052 26m²，并且在开坑附近均有不同程度的裂纹产生，说明靶板在遭受弹丸侵彻的过程中内部形成较大的损伤区域。有限元模拟中，四种模型靶板前坑破坏模式差异较大，首先是连续均匀介质和随机骨料模型的破坏模式有较大差异，宏观现象上，两种模型靶板前坑均呈漏斗状，中间部位形成柱形孔道，背面产生崩落破坏，这与实验及理论分析的现象是一致的，二者并没有较大的区别，但就混凝土靶板开坑附近的应力分布状态、裂纹开展及损伤情况分析，连续均匀介质与随机骨料模型表现出较大差异：连续均匀介质模型中，无论是前坑还是后坑，混凝土的应力以孔道为圆心向四周均匀扩散，呈均匀分布状态，无法判断由于弹丸冲击而产生的局部裂纹走向，且表现出来的损伤区域较小；而在随机骨料模型中，由于骨料、砂浆及界面的强度不同，界面强度较低，开坑附近的应力状态均呈发散状分布，主要是沿界面过渡区形成应力集中现象，形成条纹性的应力带，反映在宏观现象上为混凝土裂纹开展，并且其损伤区域较大。

实验模型

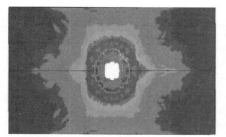
连续均匀介质模型

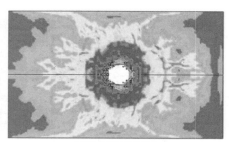
随机骨料两相模型

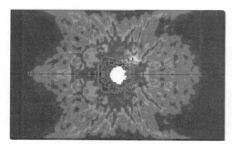
随机骨料界面模型

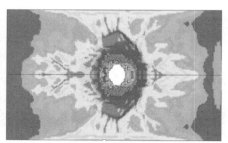
随机骨料接触模型

图 4-8　碰撞速度为 749m/s 时前坑破坏状态

　　三种随机骨料模型在破坏模式上也存在较大差异，两相介质模型与接触模型表现出较为一致的开坑现象，裂纹基本上是沿砂浆发展；界面模型由于界面作为一层单元存在，且其强度较低，在冲击荷载作用下首先发生破坏，混凝土沿界面产生裂纹，能够反映出界面受力破坏过程。

　　由图 4-9 可以看出，三种模型裂纹扩展的模式是不太相同的：M-WJ 模型初始裂纹横向出现在骨料的上方或者下方，以及砂浆的中部；M-ITZ 模型初始裂纹出现在界面上，但是裂纹比较细碎，互不相连；M-CON 模型初始裂纹出现在骨料边界，既有斜裂纹又有横裂纹。M-WJ 模型裂纹进一步扩展时，横裂纹向远离弹道的方向发展，也出现少量斜裂纹，但主要是横裂纹的扩展；M-ITZ 模型裂纹进一步扩展时，界面处出现更多裂纹，扩展贯通，以 45°方向向下传递，同时出现更多混凝土的剥落；M-CON 模型裂纹沿着骨料周围进一步扩展，横向以及 45°方向均有发展，弹道周围的混凝土出现较多的层裂。

$t = 0.30$ms

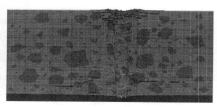
$t = 0.33$ms

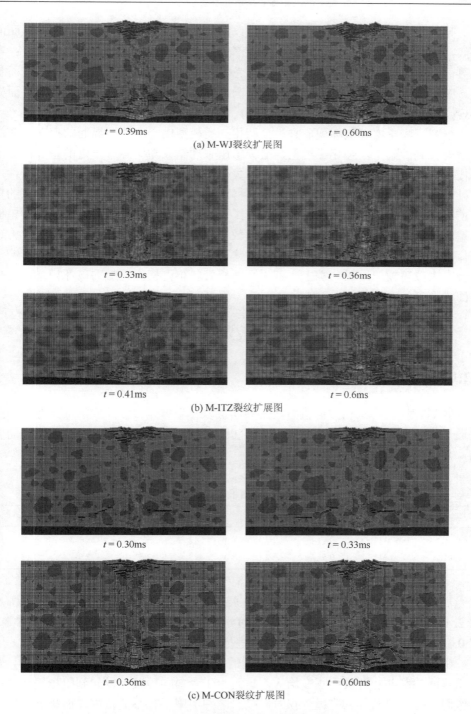

$t = 0.39$ms　　　　　　　　　　　　　　$t = 0.60$ms

(a) M-WJ裂纹扩展图

$t = 0.33$ms　　　　　　　　　　　　　　$t = 0.36$ms

$t = 0.41$ms　　　　　　　　　　　　　　$t = 0.6$ms

(b) M-ITZ裂纹扩展图

$t = 0.30$ms　　　　　　　　　　　　　　$t = 0.33$ms

$t = 0.36$ms　　　　　　　　　　　　　　$t = 0.60$ms

(c) M-CON裂纹扩展图

图 4-9　三种模型的裂纹扩展图（见彩图）

弹丸侵彻混凝土靶板时，裂纹总是以靶板中最薄弱环节扩展，不考虑界面的时候，弹丸侵彻的冲击导致混凝土中较薄弱的砂浆开裂，容易出现横向拉裂；考虑界面时，界面是最薄弱环节，由于有骨料在里面，界面包裹在骨料外围，而骨料是随机分布的，裂纹沿着界面扩展，因此弹丸侵彻冲击时，包裹骨料的界面先出现断裂。

单从混凝土宏观破坏现象来说，两相介质模型完全忽略了界面的存在，薄弱环节转移到砂浆上，强化了模型，故模拟出来的结果与实际有一定的差异；而接触模型将界面考虑为一种算法，在达到失效应力之前，骨料与砂浆为完全固件，当外力达到失效应力时，二者分开，这样没有考虑到界面在冲击荷载作用下的损伤情况，无法描述界面的受力破坏过程，与实际也有一定差异；考虑界面的模型模拟时完全是将实际混凝土组成反映到数值模型中，可以较好地模拟整个受力过程，但界面的尺度问题对结果影响较大，若数值计算中能反映界面尺度的影响，将会大大改善模拟结果。综上，若采用随机骨料模型模拟靶板的破坏模式，选择界面模型有一定的优势。

4.2　界面参数对侵彻的影响

4.2.1　M-ITZ 界面参数

M-ITZ 模型为三相数值模型，其界面层以一个单元尺寸厚度的形式存在，此处通过改变界面的抗压强度参数来研究其力学特性对混凝土宏观力学性能的影响，具体工况设计见表 4-5。

表 4-5　界面不同抗压强度

类别	数值						
A_0/MPa	2	5	20	25	30	35	40
f_t/MPa	0.2	0.5	2	2.3	2.6	2.9	3

表 4-5 中 A_0 表示抗压强度。图 4-10 展示了不同抗压强度下靶板的损伤图，选取 2MPa、20MPa、40MPa，每种抗压强度选择了 0.1499ms（弹体侵彻到靶板中部）和 0.6ms（弹体完全出靶）这两个时间进行截取。

由图 4-10 可知，随着界面抗压强度的增大，靶板损伤传递的面积在减小，靶板正背面的漏斗状开坑面积在增大，这是由于骨料和砂浆可以起到阻挡损伤传递的作用，接近离散体的靶板受损时只会影响弹道附近较小的范围，而接近均质体的靶板受损时会牵连更大的范围。

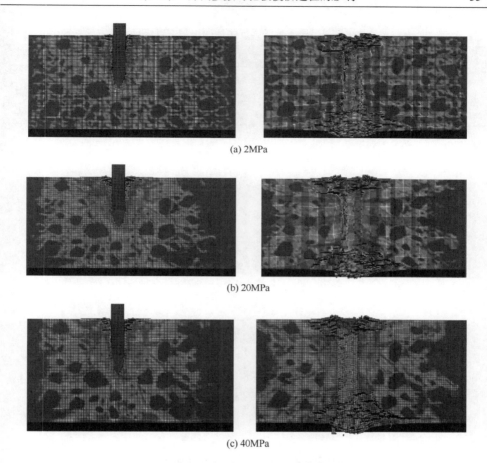

(a) 2MPa

(b) 20MPa

(c) 40MPa

图 4-10　界面不同抗压强度的靶板损伤图（见彩图）

　　表 4-6 中 A_0 表示抗压强度，V 表示出靶速度。由图 4-11 和表 4-12 可知，随着界面抗压强度的增大，弹体出靶速度减小。由图 4-12 可知，随着界面抗压强度的增大，随机骨料内部的均匀程度也在提高，加速度波动趋于平稳；界面抗压强度越小，则混凝土靶板越趋向于离散体，加速度波动较大，弹体受混凝土内部的黏结力影响就越小，速度减小速率也越小，受骨料影响比较大，弹体偏转角容易改变；界面抗压强度越大，则混凝土越趋向于均质体，弹体受到的黏结阻力越大，速度减小速率也越大，弹体姿态也越不容易改变。由图 4-13 可知，抗压强度和速度的关系不是线性的，随着抗压强度的增加，速度减小得越缓慢，这也印证了[7]：组成混凝土的砂浆基质和骨料的力学性质基本上是线性的，但是混凝土的力学性能却表现出明显的非线性，这主要是由于两者之间的界面造成的。

表 4-6　不同界面抗压强度弹体的出靶速度统计表

类别	数值						
A_0/MPa	2	5	20	25	30	35	40
V/(m/s)	712	639	647	635	627	619	608
速度损失率/%	11	20.13	19.13	20.63	21.63	22.62	24

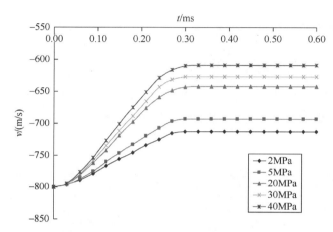

图 4-11　弹体速度 v 的时程曲线

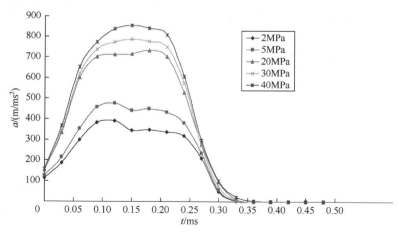

图 4-12　弹体加速度 a 的时程曲线

图 4-14 为改变界面抗拉强度时，弹体的偏转角随时间变化的曲线，当界面抗拉强度较低时，弹体侵彻路径为沿界面进行，混凝土在子弹作用下也是沿界面开裂，并且由于砂浆抗压强度较骨料低，故弹道偏向于子弹周围的砂浆，大部分的

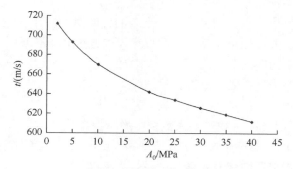

图 4-13　不同界面抗压强度弹体的出靶速度示意图

砂浆被压碎，少量骨料被压碎，随着侵彻的动能下降，子弹没有能力压碎骨料，其偏转方向更向砂浆靠近，产生弹体偏转，且由于界面相对于砂浆在混凝土中所占面积较少，当界面强度与骨料、砂浆强度相差较大时，偏转主要沿界面轨迹，角度较小。从图 4-14 中可以看出，随着界面的抗拉强度增加，弹体偏转角度增大，而当抗拉强度增大到一定程度时，其偏转角度与共节点相差无几，此时表明弹道轨迹已经全部取决于弹体附近砂浆的范围及其抗拉强度值，界面的抗拉强度改变对其弹道偏转几乎没有影响。

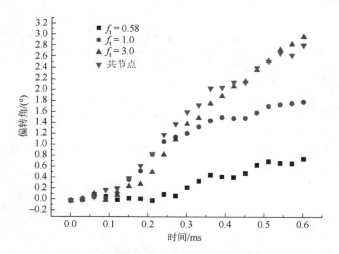

图 4-14　偏转角随界面抗拉强度改变趋势

4.2.2　M-CON 界面参数

1. 接触设置

在有限元分析中，接触条件是一类特殊的、不连续的约束，它允许力从模型的一部分传递到另一部分。因为仅当两个表面接触时才应用接触条件，当两个表面分开时，不存在约束作用，所以这种约束不是连续的。因此，接触是边界条件高度非线性的复杂问题。

（1）定义接触类型：固连断开接触；

（2）定义接触实体：主面——骨料，从面——砂浆；

（3）定义摩擦系数：接触摩擦系数是由静摩擦系数（FS），动摩擦系数（FD），指数衰减系数（DC）来确定的。（FS, FD 和 DC 可以用 EDCGEN 命令输入）。假设摩擦系数与接触表面的相对速度 V_{rel} 有关：

$$\mu_c = FD + (FS - FD)e^{-DC \cdot V_{rel}} \tag{3-1}$$

VC（用 EDCGEN 命令输入）可以限制最大摩擦力（F_{max}），公式（3-2）表述如下：

$$F_{max} = VC \cdot A_{cont} \tag{3-2}$$

式中，A_{cont} 为接触时节点接触部分的接触面面积；VC 为剪切屈服应力：$VC = \dfrac{\sigma_0}{\sqrt{3}}$，$\sigma_0$ 是接触材料的屈服应力。

（4）给定附件输入：其中拉伸失效强度和剪切失效强度的取值参考文献[3]。接触设置的参数如表 4-7。

表 4-7　固连断开接触参数

*CONTACT_TIED_SURFACE_TO_SURFACE							
SSID	MSID	SSTYP	MSTYP				
3	1	3	3				
FS	FD	DC	VC	VDC	PENCHK	BT	DT
0	0	0	0	0	0	0	0.1×10⁸
SFS	SFM	SST	MST	SFST	SFMT	FSF	
1	1	0	0	1	1	1	
NFLS	SFLS						
2	2.5						

注：SSID 表示从接触段集合的 ID 编号；MSID 表示主接触段集合的 ID 编号；SSTYP 表示从接触段集合的类型；MSTYP 表示主接触段集合的类型；SFS 表示从接触面的罚因子；SFM 主接触面的罚因子；SST 表示从接触面的接触浓度；MST 表示主接触面的接触深度；VDC 表示黏性阻尼系数；PENCHK 表示接触深度控制选项；BT、DT 表示定义接触表面被激活或被强制失效的时间；SFST 表示从接触面的接触深度比例因子；SFMT 表示主接触面的接触深度比例因子；FSF 表示库仑摩擦比例因子。

2. 工况设计

在其条件一致的情况下，通过改变接触参数的设置，描述界面参数的改变，分析界面对混凝土宏观力学性能的影响，具体工况见表 4-8。

表 4-8　不同接触参数

参数	数值			
NFLS/MPa	0.58	1	2	3
SFLS/MPa	0.725	1.25	2.5	3.75
V/(m/s)	647.63	623.59	602.65	583.76
速度损失率/%	20.21	22.05	24.67	26.32

不管是否考虑混凝土的塑性，其劈裂抗拉强度小于抗剪强度。根据文献[8]，抗拉强度和抗剪强度的系数比取为 0.8。由表 4-8 和图 4-15 可知，随着 NFLS 和 SFLS 的增大，弹体出靶速度在减小，并且减小的速率渐缓，说明界面的强度对弹体出靶速度的影响是非线性的。

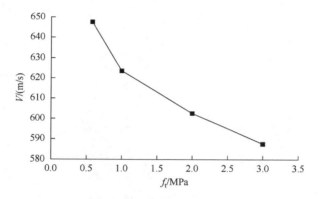

图 4-15　弹体出靶速度与抗拉强度关系曲线

4.3　本章小结

对 **M-ITZ** 模型中不同界面抗压强度进行了侵彻数值模拟分析，随着界面抗压强度的增大，弹体偏转角容易改变，靶板损伤传递的面积在减小，靶板正、背面的漏斗状开坑面积在增大；抗压强度和速度的关系不是线性的。对 **M-CON** 接触参数中不同拉伸失效强度和剪切失效强度进行了侵彻数值模拟分析，随着拉伸失效强度和剪切失效强度的增大，弹体出靶速度在减小，并且减小的速率渐缓，说明界面的强度对弹体出靶速度的影响是非线性的。

参 考 文 献

[1]　邓勇军，陈小伟，姚勇，等. 基于细观混凝土模型的刚性弹体正侵彻弹道偏转分析[J]. 爆炸与冲击，2017，37（3）：377-386.

[2] Hanchak S J，Forrestal M J，Young E R，et al. Perforation of concrete slabs with 48MPa and 140MPa unconfined compressive strengths[J]. International Journal of Impact Engineering，1992，12（1）：1-7.

[3] Malvar L J，Crawford J E，Wesevich J W，et al. A plasticity concrete material model for DYNA3D[J]. International Journal of Impact Engineerirg，1997，19（9-10）：847-873.

[4] 宋玉普. 多种混凝土材料的本构关系和破坏准则[M]. 北京：中国水利水电出版社，2002：132-178

[5] Hauglvist J O. LS_DYNA Keyword user's Manual Version 971[J]. Livermore Software Technologg Corporation，Livermore，California，2007.

[6] 宋力. 弹性体增强混凝土砌体墙爆炸响应的数值分析[D]. 浙江：宁波大学，2008.

[7] 刘海峰，宁建国. 冲击荷载作用下混凝土材料的细观本构模型[J]. 爆炸与冲击，2009，29（3）：261-267.

第5章 基于细观模型的刚性弹正侵彻混凝土靶的弹道偏转分析

从细观组成出发，将混凝土看作是由骨料、砂浆和二者之间的界面过渡区（ITZ）构成的三相复合材料，利用程序语言实现三维随机骨料模型建模，采用动力学分析软件 LS-DYNA 对 Hanchak 部分混凝土靶板穿透实验进行数值模拟，并结合连续均匀模型分析混凝土细观组成对弹体的剩余弹速、靶板的破坏现象及损伤分布的影响；针对实际工程中常用的二级配混凝土，对骨料强度、骨料分布、砂浆强度等参数对混凝土靶板侵彻过程中弹、靶力学响应的影响进行研究；以偏转角为目标参数，通过改变弹径比及侵彻速度来研究混凝土细观组成对侵彻的影响，从而初步界定出连续介质与随机骨料模型适用的大致范围。

弹体对混凝土的侵彻过程是一个弹与靶板相互作用的瞬态接触问题。靶板的结构组成、力学特性对整个侵彻过程中弹体及靶板的动态响应有着明显的影响[1-3]。混凝土作为一种典型的非均质多相脆性材料，其细观层次上可以看作是由砂浆、骨料和界面过渡区组成的三相复合材料，且各相力学性能相差很大，目前关于混凝土靶板侵彻问题的数值模拟研究中，通常假设混凝土材料为连续均匀介质，未考虑混凝土内部结构组成对侵彻过程的影响，采用此方法在一定程度上能够满足计算分析的要求，但其在解释侵彻过程中弹体和靶板的某些特殊物理现象（如正侵彻过程中弹体弯曲破坏、弹道偏转等[4]）时存在一些不足。从细观层次出发，建立能够反映混凝土靶板内部组成的多相材料模型，给弹体侵彻问题的研究提供了新思路。

基于此，根据前述混凝土细观模型建立方法、本构模型对比分析结果，结合动力学分析软件 LS-DYNA 对 Hanchak 的部分侵彻实验进行了数值模拟，并与连续均匀模型进行对比分析，考察弹体的剩余弹速、靶板破坏现象及靶板损伤分布等参数；然后研究骨料强度、骨料分布、砂浆强度等对弹体偏转角及峰值加速度值的影响；并以弹体偏转角为目标参数，给出不同研究问题下随机骨料模型与连续均匀模型的适用范围，为细观力学层次上混凝土靶板的侵彻问题研究提供一定的参考。

5.1　均质模型与细观模型对比

5.1.1　数值模拟靶板尺寸

弹体侵彻混凝土靶板时存在边界效应。文献[2]表明，在弹速为 800m/s 及以下时，靶径与弹径之比为 30 左右即可忽略侧面边界对侵彻过程的影响。若混凝土按均匀介质建模，该条件对于计算规模影响不大。但若基于细观模型，满足该条件则会导致计算量显著增加，效率甚低。本书重点在于讨论弹体侵彻混凝土靶过程中的弹道偏转规律，为提高计算效率，此处对比两种靶体尺寸的计算结果，分析采用较小尺寸靶板时是否满足计算要求。

选择 Hanchak 实验中的弹体尺寸[6]，见图 5-1，其直径为 25.4mm。靶体尺寸布置见图 5-2，$W \times H \times T$ 表示宽×高×厚。模型 1 靶板尺寸为 800mm×600mm×400mm，靶径与弹径之比满足大于 30 的要求；模型 2 靶板在侵彻深度（H）方向保持高度不变，其余尺寸减小为模型 1 的一半，选为 400mm×600mm×200mm。模型参数与表 5-1 一致。

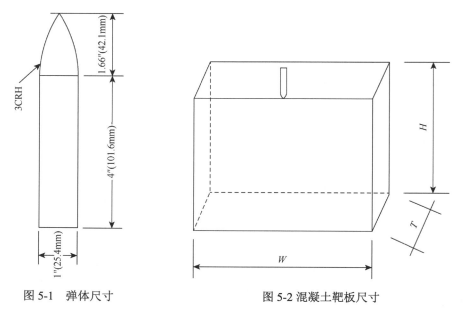

图 5-1　弹体尺寸　　　　　　　　　图 5-2 混凝土靶板尺寸

图 5-3 给出了两种尺寸有限元计算的结果图，从图中对比可知，仅分析弹道轨迹偏转现象，模型 1 和模型 2 均能得到较为一致的结果。而模型 2 计算量更小，在计算效率方面具有优势，故后续将采用 400mm×600mm×200mm 的靶板尺寸进行分析。

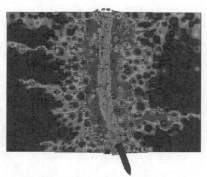 

(a) 800mm×600mm×400mm靶板弹道图　　　(b) 400mm×600mm×200mm靶板弹道图

图 5-3　两种尺寸有限元模型的弹道图（见彩图）

5.1.2　刚性弹正侵彻偏转影响因素分析

真实的弹体侵彻实验，即使是在严格的正侵彻条件下，都可能存在弹道偏转现象[4]。这里首先分别采用混凝土的均匀模型和细观模型进行数值模拟，对比分析刚性弹正侵彻混凝土靶的侵彻过程。然后再从混凝土细观组成的角度分析弹道偏转的原因及影响因素。

1. 计算模型

数值计算中，混凝土靶板尺寸均为 400mm×600mm×200mm（图 5-2），单元的基本尺寸为 2mm。弹体尺寸和形状如图 5-1 所示。细观模型中骨料体积比为 40%，骨料级配为二级配，即，小石（5～20mm）：中石（20～40mm）= 5.5：4.5。显然，骨料尺寸与弹径相当甚至大于弹径，若骨料强度足够大，则可以设想其对弹体侵彻有重要作用。弹体入射位置为靶板中点，速度为 800m/s，根据文献[7]可知，此时混凝土靶板侵彻过程中，可将弹体看作刚性弹。弹体采用 MAT_RIGID 模型，均匀模型中混凝土或细观模型中骨料、砂浆及界面均采用 K&C 模型，参数见表 5-1。为了观察弹体侵彻的弹道偏转姿态，并减少计算规模，计算采用 1/2 对称模型，约束弹靶在垂直于对称面方向上的位移及转动自由度，其余边界按无反射边界处理。即人工假定：若有弹道偏转，则仅发生在 1/2 对称模型的对称面上。

表 5-1　K&C 模型中 48MPa 强度的混凝土各相材料本构参数

材料	$\rho/(kg/m^3)$	PR	$f_t(MPa)$	f_n/MPa	RSIZE	UCF
骨料	2660	0.16	10	154		
砂浆	2280	0.22	3.7	41	3.94E + 2	145
界面	2000	0.16	2	20		

2. 现象分析

图 5-4（a）、（b）分别给出了混凝土为均匀介质模型或细观模型时，刚性弹以速度 800m/s 正侵彻靶板时不同时刻的物理图像，其中骨料和砂浆抗压强度分别为

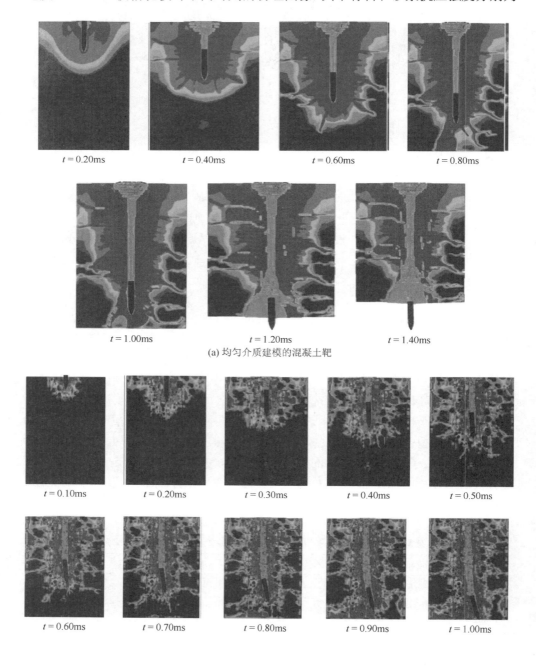

(a) 均匀介质建模的混凝土靶

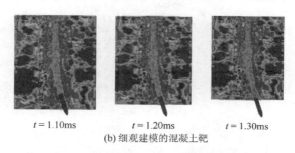

$t=1.10\text{ms}$　　　　$t=1.20\text{ms}$　　　　$t=1.30\text{ms}$

(b) 细观建模的混凝土靶

图 5-4　均匀模型及细观模型混凝土靶的侵彻过程对比（见彩图）

160MPa、15MPa。这里因详细讨论弹体在细观建模分析中的弹道姿态，故截取物理图像较均匀模型多。

从图中可以看出：在 800m/s 的速度下，均匀模型中弹体基本没有发生偏转，保持正侵彻状态（此处由于显式动力计算过程中轻微扰动导致混凝土中的应变非严格对称）。细观模型中，由于骨料分布的随机性，弹体在不同时刻出现不同程度的偏转现象。以上现象表明，骨料、砂浆的力学特性差异及随机分布等因素对刚性弹体产生了不平衡力作用，导致侵彻方向变化，从正侵彻发展为斜侵彻。

3. 细观模型中弹体运动过程分析

根据刚体运动学可知，刚性弹体的运动可以视作弹体质心的平动和绕质心的转动 [图 5-5（a）]。弹体的偏转角度定义为弹体绕质心的转动角度，则弹体侵彻过程中的位移及姿态可以用质心坐标（X_C，Y_C）和绕质心的偏转角度 φ 完全确定。选取对称面中轴线上的 A、B 两个节点，两者 X 方向坐标值之差为 ΔX，偏转角度可以表示为 $\varphi = \arcsin\left(\Delta X / L\right)$（$L$ 表示弹体长度），如图 5-5（b）所示。

为更清楚地分析弹体在侵彻过程中的运动状态，图 5-6 给出了弹体质心水平加速度（A_{CX}）、水平位移（U_{CX}）及弹体偏转角度（φ）随时间的变化曲线（图中正值表示方向为水平向左，负号表示向右）。分析图 5-6（a）及图 5-4（b），可以看出，弹体侵彻过程大致可分为以下几个时间段：

0～0.35ms 时间段：在这段时间内，弹体的水平加速度 A_{CX} 在[−100，50]×10^3m/s^2 区间波动 [图 5-6（a）]，混凝土靶体对弹体在垂直于侵彻方向上产生交替变换的横向作用力；结合图 5-4（b），该时间段，靶体内骨料分布较为均匀，弹体所受到的横向加速度基本可以平衡，不足以使弹体质心产生横向位移[图 5-6(b)]，弹体的姿态几乎不发生变化 [图 5-6（c）]。

0.35～0.4ms 时间段：从 0.35ms 开始，弹体头部左侧连续碰撞到较大粒径的骨料 [图 5-4（b）]，弹体向右侧的加速度随之增加 [图 5-6（a）]，导致弹体开始出现向右的横向位移 [图 5-6（b）]，并产生偏转现象 [图 5-6（c）]。

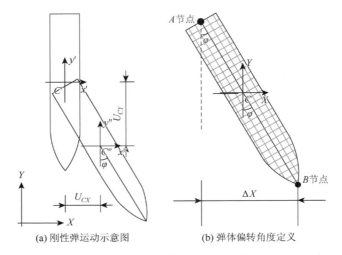

(a) 刚性弹运动示意图　　　　　(b) 弹体偏转角度定义

图 5-5　侵彻过程中弹体运动及偏转角定义

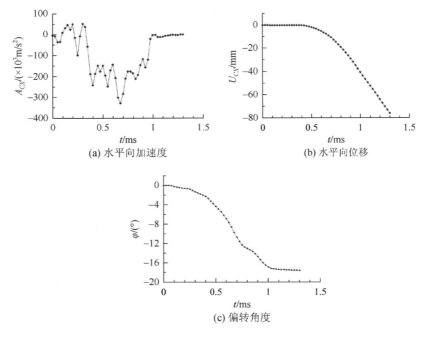

(a) 水平向加速度　　　　　(b) 水平向位移

(c) 偏转角度

图 5-6　弹体侵彻过程中各参数随时间变化曲线

0.4～1.0ms 时间段：弹体在侵彻过程中，在惯性作用下，由于骨料等的连续碰撞，弹体所受横向作用力保持稳定，弹体横向位移和偏转角度持续增加 [图 5-6(b)、(c)]。

1.0ms 以后：弹体到达靶板背面并穿透靶板，不再承受横向作用力，但弹体保持惯性仍有横向位移，其偏转角度保持恒定，直至出靶。最终弹体 X 方向位移为 72.98mm，偏转角度为 17.53°。弹体侵彻姿态发生较大的变化，从正侵彻转变为带攻角的斜侵彻。

Chen[8]的研究表明，刚性弹正/斜侵彻混凝土靶，若按均匀介质考虑，弹体进入隧道区后将始终保持正侵彻姿态；仅对于斜侵彻的开坑阶段，由于不对称的侧向力作用，使得弹体承受绕质心的力矩作用，导致其运动姿态变化，发生偏转。而与此不同的是，考虑混凝土细观建模后，即使刚性弹体正侵彻混凝土靶，在进入隧道区后，由于混凝土中多相材料性质的差异，导致弹体承受不对称力作用，其运动姿态仍可能变化并发生偏转［图 5-4（b）］。

4. 偏转影响因素分析

通过对上述侵彻过程的分析可知：刚性弹正侵彻混凝土靶过程中，弹体姿态的变化主要是混凝土中各相材料力学性能的差异引起弹体受到不对称作用力而导致的。其中，骨料作为混凝土的骨架，其粒径大小、位置分布等都对侵彻过程中弹体的受力状态存在较大影响。另外，侵彻过程中弹头所受阻力可用空腔膨胀理论[9]进行分析，一般认为弹头表面法向力不仅决定于靶材性质和侵彻速度，还受弹头形状影响，该阻力的横向分量将导致弹体弹道偏转。从弹体结构出发，弹体偏转角度还与弹体长径比相关。因此，基于混凝土细观建模的弹正侵彻混凝土靶细观过程中，影响弹体偏转的因素主要有：混凝土各相材料（骨料、砂浆及界面等）的力学性能（如强度/硬度，断裂能等）、骨料几何及位置分布、弹体初始撞击速度、弹体头部形状和弹体长径比等。

5.2　混凝土/弹体参数对偏转影响分析

为了更好地反映和了解混凝土内骨料强度、骨料分布、砂浆强度等对弹体侵彻靶板时弹、靶力学响应的影响，针对实际工程中常用的二级配混凝土，利用 LS-DYNA 软件基于三维随机骨料模型对混凝土侵彻问题进行分析。

5.2.1　数值实验设计

数值计算中细观模型采用 M-WJ 模型，模型仍然为 1/2 模型，模型中靶体尺寸为 400mm×200mm×100mm，靶板中骨料体积比（骨料体积与试件体积之比）为 40%，骨料级配为二级配，小石（5～20mm）：中石（20～40mm）＝5.5：4.5。

弹、靶几何模型建好后，利用自编程序完成靶板的网格划分和单元属性识别并赋予相应的材料参数，靶板网格划分中，单元采用正六面体单元，单元的基本尺寸为 2mm。弹采用 ANSYS 软件进行网格划分，网格划分时，弹的网格尽量和靶板网格接近，采用六面体单元利用映射方法划分网格。

5.2.2　计算方案和材料参数

三维随机骨料模型中混凝土视为由砂浆和骨料组成的多相复合材料，弹体正侵彻混凝土靶板时，弹、靶的破坏情况与靶体内骨料的分布、砂浆强度、骨料强度、弹体强度以及撞击速度等参数相关，为了进一步认识和了解上述因素对弹侵彻靶体时弹、靶力学响应的影响，选取骨料分布、砂浆强度、骨料强度、弹体强度以及撞击速度 5 项参数进行数值分析。

数值实验中所用的实体模型总共分为 5 组，第 1 组用于分析靶体内骨料分布的非均匀性对弹侵彻靶体的影响，分析试件内骨料分布非均匀性对弹体侵彻的影响时，为了将更多的时间和精力花在对物理现象的认识和理解上，采用靶体不变而改变弹与靶体相对侵彻位置的方法来研究试件内骨料分布对弹体侵彻的影响。如图 5-7 所示，在靶板对称面内距两侧边界 150mm 的范围内任意选取 9 个位置，建立 9 个弹、靶相对位置不同的模型，分别命名为 Location1～Location9，对每一个模型分别进行撞击速度为 800m/s 和 1000m/s 的计算。第 2 组用于分析弹体撞击速度对弹侵彻靶体的影响，数值模型为从第 1 组的模型中选择弹体出靶时姿态改变较大的两个模型，分别命名为 Model1 和 Model2，对 Model1 和 Model2 分别进行撞击速度为 400m/s、600m/s、800m/s、1000m/s、1200m/s、1400m/s 的计算。第 3 组用于分析砂浆强度的变化对弹侵彻靶体的影响，数值模型为从第 1 组模型中任意选取的 3 个位置 Location1、Location4 和 Location8，分别命名为 ModelⅠ、ModelⅡ、ModelⅢ，对 ModelⅠ、ModelⅡ和 ModelⅢ 分别进行砂浆强度为 5MPa、10MPa、15MPa、20MPa、25MPa、30MPa 的计算，且对其中每一个强度计算 3 个撞击速度，分别为 800m/s、1000m/s 和 1200m/s。第 4 组用于分析骨料强度的变化对弹侵彻靶体的影响，数值模型与第 3 组相同，分别进行骨料强度为 60MPa、80MPa、100MPa、120MPa、140MPa 的计算，其中每一个骨料强度计算 3 个撞击速度，分别为 800m/s、1000m/s 和 1200m/s。第 5 组用于分析弹体强度的变化对弹侵彻靶体的影响，数值模型与第 3 组相同，对 3 个模型分别进行弹体强度为 800MPa、1600MPa、2400MPa 的计算，其中每一个弹体强度计算 3 个撞击速度，分别为 800m/s、1000m/s 和 1200m/s。

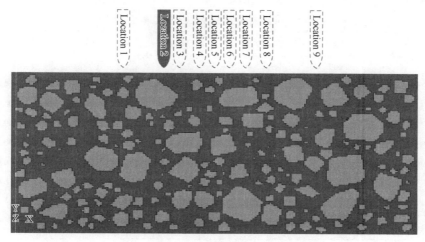

图 5-7 弹、靶相对位置图（见彩图）

上述所有模型中砂浆和骨料均采用 HJC[10]本构模型，弹体选用考虑应变率效应的弹塑性硬化模型。第 1～第 4 组模型中弹的材料参数见表 5-2，第 1 组和第 2 组模型中靶体内砂浆和骨料的本构模型参数见表 5-3。第 3 组模型中骨料的本构模型参数不变，为表 5-3 中骨料的参数；不同抗压强度砂浆的部分本构模型参数见表 5-4，表中没有写出的 HJC 模型其余参数与表 5-3 中砂浆的参数相同。第 4 组模型中砂浆的本构模型参数不变，为表 5-4 中抗压强度为 10MPa 的砂浆所对应的参数；不同抗压强度骨料的部分本构模型参数见表 5-5，表中未写出的 HJC 模型其余参数与表 5-3 中骨料的参数相同。第 5 组模型中砂浆和骨料的本构模型参数与第 3 组模型中砂浆抗压强度为 10MPa 所对应的模型中砂浆和骨料的参数相同，弹体材料参数除屈服强度外，其余参数同表 5-2 中的参数。

表 5-2 弹体材料参数

ρ /(kg/m³)	E/GPa	μ	σ_s /MPa	E_t/GPa	C	p	ε_{ef}^p
7830	210	0.3	1240	2.1	1200/s	2.3	1.0

注：ρ 为密度；E 为杨氏模量；μ 为泊松比；σ_s 为屈服应力；C 为参考应变率；p 为强化指数；ε_{ef}^p 为塑性应变。

表 5-3 第 1、第 2 组模型中砂浆和骨料的本构模型参数

材料	ρ /(kg/m³)	f_c/MPa	G/GPa	K_1/GPa	K_2/GPa	K_3/GPa	P_{crush}/MPa	μ_{crush}	P_{plock}/GPa	μ_{plock}
砂浆	2280	41	9.5	85	171	208	13.7	0.001	0.8	0.1
骨料	2660	154	28.7	14	20	25	51	0.0016	1.2	0.012
	T/MPa	A	B	N	C	S_{max}	D_1	D_2	$EFMIN$	
砂浆	4	0.79	1.60	0.61	0.007	7.0	0.04	1.0	0.01	
骨料	12.2	0.79	1.61	0.85	0.008	7.0	0.04	1.0	0.01	

表 5-4　第 3 组模型中砂浆的本构模型参数

砂浆强度/MPa	ρ /(kg/m³)	f_c/MPa	T/MPa	P_{crush}/MPa	μ_{crush}
5	2100	5	0.5	1.7	0.0001
10	2100	10	1	3.3	0.0002
15	2100	15	1.5	5	0.0004
20	2100	20	2	6.7	0.0005
25	2100	25	2.5	8.3	0.0006
30	2100	30	3.0	10	0.0007

表 5-5　第 4 组模型中骨料的本构模型参数

骨料强度/MPa	ρ /(kg/m³)	f_c/MPa	T/MPa	P_{crush}/MPa	μ_{crush}
60	2660	60	6	20	0.0006
80	2660	80	8	26.7	0.0008
100	2660	100	10	33.3	0.0011
120	2660	120	12	40	0.0013
140	2660	140	14	46.7	0.0015

5.2.3　数值计算结果与分析

1. 骨料分布的随机性对弹体侵彻的影响

图 5-8、图 5-9 给出了不同速度撞击时弹、靶的破坏情况以及侵彻过程中弹的加速度时间历程曲线。表 5-6 给出了不同撞击速度下弹的剩余速度和峰值加速度。

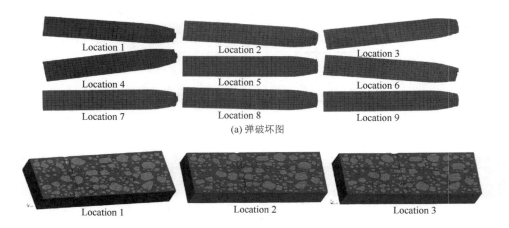

(a) 弹破坏图

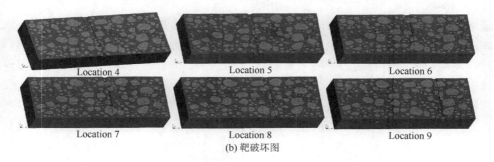

(b) 靶破坏图

图 5-8　撞击速度为 1000m/s 时弹、靶的破坏图（见彩图）

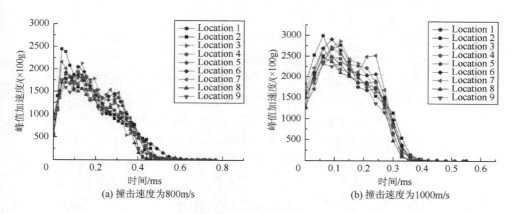

图 5-9　不同撞击速度下弹的加速度曲线（见彩图）

表 5-6　弹剩余速度和峰值加速度

模型	初速度/(m/s)	剩余速度/(m/s)	峰值加速度/($\times 10^4$g)	初速度/(m/s)	剩余速度/(m/s)	峰值加速度/($\times 10^4$g)
1	800	210	19.4	1000	367	27.8
2	800	189	25.5	1000	344	30.0
3	800	192	22.2	1000	357	28.7
4	800	193	20.2	1000	359	27.1
5	800	245	19.4	1000	403	25.0
6	800	117	21.4	1000	330	29.2
7	800	163	22.5	1000	320	27.0
8	800	256	19.6	1000	423	24.8
9	800	241	18.8	1000	423	23.5

　　由图 5-8、图 5-9 和表 5-6 中的数据可以看出，弹从不同位置侵彻靶体时弹、靶的破坏存在差异，当弹从尺寸较大的骨料上贯穿时，弹的破坏相对比较严重，

最终出靶的剩余速度也相对较低，当弹从尺寸较小的骨料上贯穿靶体时，弹的破坏相对较小，出靶时的剩余速度也相对较高，这表明靶体内骨料分布的不均匀性对弹侵彻靶体时弹靶的力学响应有影响。为了进一步了解骨料分布的不均性对弹体侵彻的影响，表 5-7 基于表 5-6 中的数据给出了不同初始速度下弹体剩余速度和峰值加速度的统计特征值。从表 5-7 中数据可以得到，初速度为 800m/s 时，剩余速度最大值与平均值之间的相对偏差达到 27.6%，最小值与平均值之间的相对偏差达到 41.7%，加速度峰值最大值与平均值之间的相对偏差达到 21.4%，最小值与平均值之间的相对偏差达到 10.5%；初速度为 1000m/s 时，剩余速度最大值与平均值之间的相对偏差达到 14.4%，最小值与平均值之间的相对偏差达到 13.4%，加速度峰值最大值与平均值之间的相对偏差达到 11.1%，最小值与平均值之间的相对偏差达到 12.7%。上述剩余速度和峰值加速度均值与最值之间的相对偏差超过 10%，表明靶体内骨料分布的随机性对混凝土侵彻问题有较明显影响，当弹体撞击速度低于某一值时，在混凝土侵彻问题的理论分析和数值模拟中，若将靶体视为连续均匀介质，只通过混凝土的单轴抗压强度来反映靶体的抗侵彻能力显然是不够的，如在装药弹体武器设计时，若将混凝土目标当作均匀介质，则可能出现弹从某一位置侵彻靶体时侵彻能力不足或装药失效的情况。弹剩余速度和峰值加速度均值与最值之间的相对偏差均随着弹撞击速度的增加而降低，这说明在弹体直径和靶体内骨料含量和级配不变的情况下，当弹体撞击速度超过某一临界值时，靶体内骨料分布的随机性对弹体侵彻的影响可以忽略不计，此时可以把混凝土当作连续均匀介质进行研究。

表 5-7　弹剩余速度和峰值加速度

初速度/(m/s)	剩余速度/(m/s)			峰值加速度/(m/s)		
	平均值	最大值	最小值	平均值	最大值	最小值
800	200.7	256	117	21.0	25.5	18.8
1000	369.6	423	320	27.0	30	23.5

从图 5-8 中弹体的破坏图可以看出，弹的变形和破坏主要发生在头部，壳体部位基本上没有发生变形和破坏，且弹的破坏随着撞击速度的增加而增大，弹出靶时姿态存在不同程度的改变。从图 5-8 中靶体的破坏图可以看出，部分弹道不是一条直线，而是有着不同曲率的曲线，这进一步表明弹的姿态在侵彻过程中由于靶体内骨料的存在而发生了改变。为了描述弹出靶时姿态的改变，根据弹出靶后的变形和破坏特点，在弹壳体段的中轴线线上选择节点 10 366.10 和节点 10 355.33 的连线段与竖直方向所成的夹角 φ 来描述弹体姿态的改变，如图 5-10 所示，偏转角为正表示弹往左侧偏转，负值为相反方向。

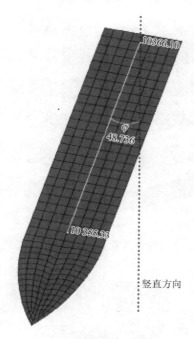

图 5-10　夹角示意图

表 5-8 给出了不同撞击速度下弹出靶时的偏转角。从表 5-7 中的数据可以看出，虽然最初弹是以垂直于靶的方向撞击靶体，但出靶时弹体姿态均发生了不同程度的改变，这是由靶体内骨料分布的非均匀性造成的。在上述模型中选择模型 1 和模型 4 进行弹撞击速度、砂浆强度、骨料强度、弹体强度变化对弹侵彻靶体影响的数值模拟和分析。

表 5-8　不同撞击速度下弹出靶时的偏转角　　　（单位：(°)）

模型		1	2	3	4	5	6	7	8	9
弹偏转角	800m/s	2.81	0.38	0.73	2.39	2.17	2.01	1.35	0.84	0.94
	1000m/s	2.37	4.27	8.18	4.47	0.11	4.95	1.10	1.54	1.04

2. 撞击速度对弹体侵彻的影响

图 5-11、图 5-12 给出了 Model1 在不同撞击速度（V）下弹靶的破坏情况、弹道及侵彻过程中不同时刻弹的偏转角（偏转角的计算同上）。

图 5-13 给出了 Model1 中弹侵彻靶体时不同时刻弹体的偏转角，从图中可以看出，不同撞击速度下，弹体姿态在最初的一段时间内改变很小，基本上没有变

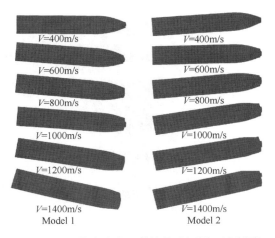

图 5-11　不同撞击速度下弹体的破坏图（见彩图）

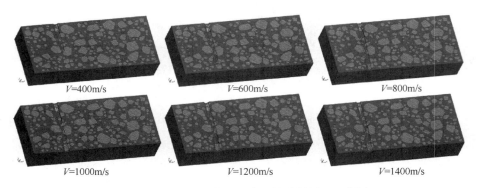

图 5-12　Model1 不同撞击速度下的弹道图（见彩图）

化，这与观察到的侵彻弹道在初始侵彻阶段近似为直线的现象吻合。Model1 中当弹撞击速度较低时，侵彻过程中弹偏转角的绝对值较小，偏转角的波动较大，这表明低速侵彻过程中弹的运动趋势容易由于弹体的非对称受力而改变；当撞击速度增高时，弹偏转角的绝对值增加，偏转角的波动减小，当撞击速度达到1000m/s 时，弹偏转角逐渐增加（沿同一方向），基本上没有波动，表明高速侵彻时弹的运动趋势更不容易改变。这是由于弹高速侵彻靶体过程中，当弹撞到骨料产生初始偏转后，便由原来的正侵彻转变为非正侵彻，由于弹体撞击速度较高，非正侵彻时作用在弹体上的侧向阻力比低速时更大，侵彻过程中，即使弹撞到偏转方向一侧的骨料上受到相反方向的偏转力，但由于作用时间极短且沿偏转方向的侧向阻力较大，使得弹的姿态不会往相反方向偏转，而是沿原来的偏转方向缓慢增加，这从图 5-13 中撞击速度为 1200m/s 和 1400m/s 时弹偏转角的变化趋势可以看出。

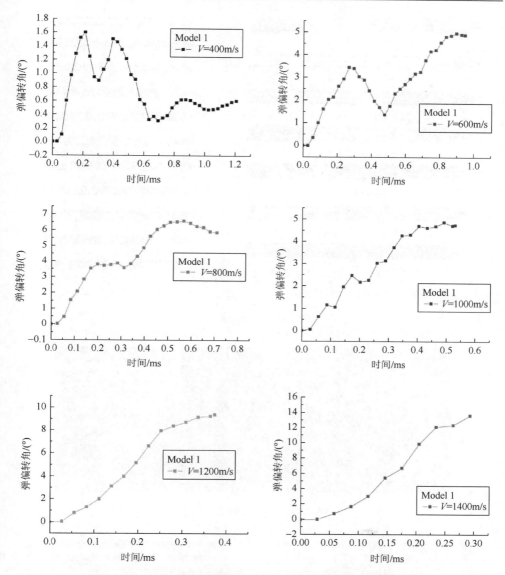

图 5-13　Model1 在不同撞击速度下弹偏转角随时间的变化

　　文献[9]中对单轴抗压强度为 62.8MPa 和 51MPa 的混凝土分别进行了撞击速度为 450～1224m/s 和 405～1358m/s 时的侵彻实验，实验结果如图 5-14 所示。文献[4]中进行了弹体高速侵彻混凝土的系列实验，实验结果表明：由于混凝土材料的非均匀性和骨料的影响，弹高速侵彻混凝土时侵彻弹道不再是直线，而是偏离速度方向（图 5-15），侵彻不同强度的混凝土后弹体形状如图 5-16所示。

UNFIRED 3 CRH 20.3mm DIA. x 203mm L.

1-0335 4340 STEEL 450 m/s

1-0336 4340 STEEL 612 m/s

1-0337 4340 STEEL 821 m/s

1-0341 4340 STEEL 926 m/s

1-0346 4340 STEEL 985 m/s

1-0338 4340 STEEL. 1024 m/s

(a) 混凝土强度为62.8MPa

UNFIRED 3 CRH 20.5mm DIA. x 305mm L.

LRCD2 4340 STEEL 450 m/s

LRCD3 4340 STEEL 446 m/s

LRCD6 4240 STEEL 545 m/s

LRCD4 4340 STEEL 551 m/s

LRCD8 4340 STEEL 804 m/s

LRCD5 4340 STEEL 821 m/s

LRCD9 4340 STEEL 900 m/s

LRCD10 4340 STEEL 1009 m/s

LRCD11 4340 STEEL 1069 m/s

LRCD12 4340 STEEL 1201 m/s

(b) 混凝土强度为51MPa

图 5-14　实验前后弹体外形对比

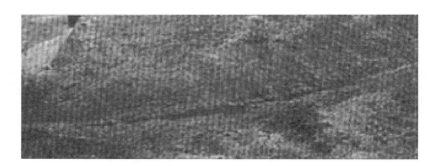

图 5-15　靶体剖开后的形态

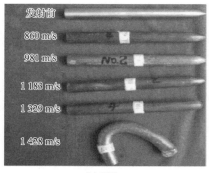

(a) C30　　　　　　　　　　　　　　　　(b) C45

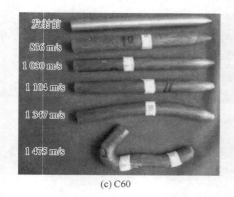 

(c) C60　　　　　　　　　　　　　(d) C80

图 5-16　弹侵彻不同强度靶体后的外形图

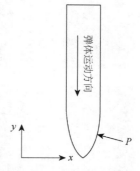

图 5-17　弹体受力示意图

为进一步了解侵彻过程中骨料对弹体姿态改变的影响，本节对侵彻过程中不同时刻弹和靶体的受力状态进行了分析。如图 5-17 所示，弹的重心位于壳体段，侵彻过程中弹头部位受到法向压力 P 的作用，压力 P 是侵彻过程中靶对弹的反作用力，当弹头两侧受到非对称的压力 P 时，弹体将会受到弯矩作用，从而使弹体产生弯曲变形和改变运动方向。以 Model1 中撞击速度为 400m/s 时弹侵彻过程中姿态的变化为例，从图 5-18 中靶体不同时刻的应力云图可以看出，0.03～0.18ms 时靶体内弹头右侧的应力较左侧高。从 Model1 弹、靶相互位置图中可以看出，初始侵彻阶段，弹头右下方有骨料分布，而左下方主要是砂浆，由于骨料的弹性模量和强度较砂浆高，相同应变下骨料的应力较砂浆高，所以侵彻过程中在弹头两侧产生了不均匀的应力场。由于弹头右侧靶体的反作用力 P 比左侧大，弹体受到顺时针方向弯矩的作用，弹体将向左侧偏转，对应图 5-13 中弹偏转角与时间关系图的第一个上升段；0.21～0.24ms 时弹体左侧的应力较右侧高，弹体受到逆时针方向的弯矩作用，弹沿左侧的偏转角将逐渐减小，对应图 5-13 中弹偏转角与时间关系图的第一个下降段；0.36～0.39ms 时弹体右侧的应力较左侧高，弹体受到顺时针方向的弯矩作用，沿左侧的偏转角又开始逐渐增大，对应图 5-13 中弹偏转角与时间关系图的第二个上升段；0.42～0.57ms 时弹体左侧的应力较右侧高，弹体受到逆时针方向的弯矩作用，弹体沿原方向的偏转角将逐渐减小，对应图 5-13 中弹偏转角与时间关系图的第二个下降段。上述弹体姿态改变与弹体受力状态之间的关系表明，侵彻过程中弹体姿态的变化与靶体内骨料的分布密切相关。

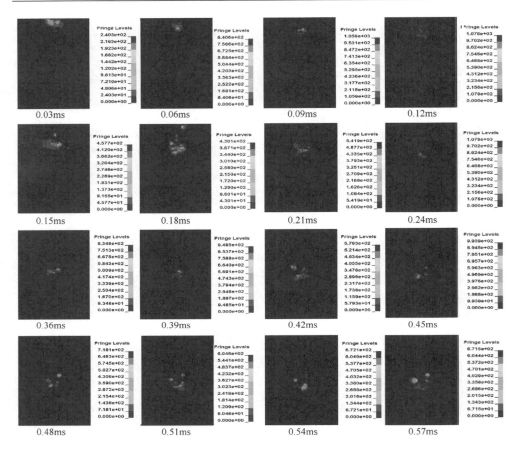

图 5-18　Model1 中撞击速度为 400m/s 时靶体不同时刻的应力云图（见彩图）

3. 砂浆强度对弹体侵彻的影响

图 5-19 给出了撞击速度为 800m/s 时弹的平均速度和平均加速度时间历程曲线，图 5-20 为靶体最终的损伤图。

从图 5-19 中弹的平均速度和平均加速度时程曲线可以看出，相同撞击速度下，弹剩余速度的变化趋势为随着砂浆强度的增加而减小，加速度峰值随着砂浆强度的增加而增加，弹的过载随着撞击速度的提高而增加。为了进一步了解弹体剩余速度和峰值加速度与砂浆强度之间的关系，对不同撞击速度下弹的剩余速度和峰值加速度数据进行拟合，如图 5-21 所示，从图中可以看出，相同撞击速度下，在所研究的砂浆强度范围内，弹剩余速度与砂浆强度呈线性变化关系，且剩余速度随着砂浆强度的增加而降低，不同撞击速度下，拟合直线的斜率基本上相同；相同撞击速度下，弹峰值加速度与砂浆强度也呈线性变化关系，且峰值加速度随

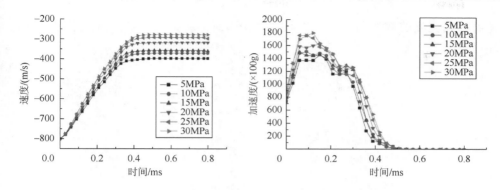

图 5-19　撞击速度为 800m/s 时弹的速度和加速度时程曲线

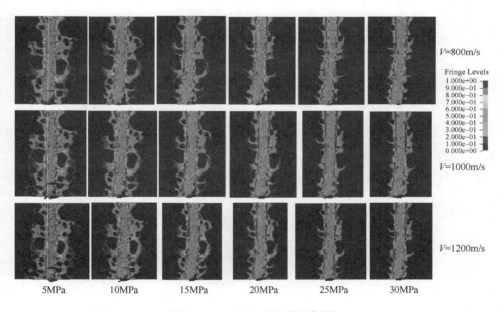

图 5-20　Model Ⅰ 中靶体损伤图

着砂浆强度的增加而增加，从图中可以看出，速度为 800m/s 和 1000m/s 时拟合直线几乎平行，而当速度为 1200m/s 时，拟合直线的斜率开始增加，主要是由于速度较高时，弹头的变形和破坏较严重，侵彻过程中弹头部与靶体的接触面积增大导致侵彻阻力增加。从图 5-20 中靶体的损伤图可以看出，靶体中损伤的分布主要集中在弹道附近，且由于靶体内骨料的存在，弹道两侧损伤的分布呈现明显的非均匀性，弹道两侧砂浆的损伤较骨料的损伤范围广，且可以清晰地看到砂浆的损伤区域绕过骨料而延续，骨料有阻止损伤区域扩大的作用，这主要是由于骨料的强度较砂浆高。三个模型中相同撞击速度下，靶体的损伤区域随着砂浆强度的增加而减小，砂浆强度相同时，靶体的损伤区域随着速度的增加而增大。

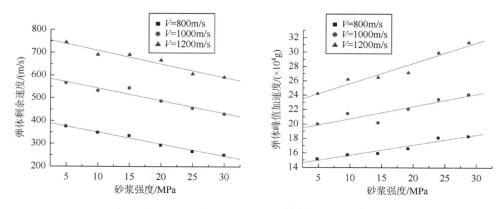

图 5-21　弹体剩余速度和峰值加速度与砂浆强度的关系

4. 骨料强度对弹体侵彻的影响

图 5-22 给出了撞击速度为 800m/s 时弹的速度和加速度时间历程曲线，图 5-20 为弹出靶后靶体的损伤图。

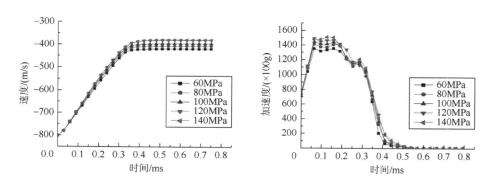

图 5-22　撞击速度为 800m/s 时弹的速度和加速度时程曲线（见彩图）

从图 5-22 中弹的速度和加速度时程曲线可以看出，相同撞击速度下，弹剩余速度的变化趋势为随着骨料强度的增加而减小，加速度峰值的变化趋势为随着骨料强度的增加而增加。为了进一步了解骨料强度对弹体剩余速度和峰值加速度的影响，对不同撞击速度下弹的剩余速度和峰值加速度数据进行拟合，如图 5-23 所示，从图中可以看出，在所研究的骨料强度范围内，相同撞击速度下，弹剩余速度与骨料强度呈线性变化关系，且剩余速度随着骨料强度的增加而降低，但降低的幅度不是很明显。撞击速度为 800m/s 时，剩余速度的最大相对减小值为 11%（最大相对减小值为 $(V_{r60} - V_{r140}) / V_{r60}$，$V_{r60}$ 是骨料强度为 60MPa 时对应的弹体剩余速度，其余依此类推）；撞击速度为 1000m/s 时，剩余速度的最大相对减小值为 7.4%；撞击速度为 1200m/s 时，剩余速度的最大相对减小值为 5.5%。不同撞击速度下剩余速度拟合直线的斜率基本上相同。相同撞击速度下，弹峰值加速度与骨料强度也呈线性变化关系，且峰值加速度随着骨料强度的增加而增加。不同撞击速度下弹峰值加速度的拟合直线几乎平行，且直线的斜率较小，这表明在砂浆强度不变的情况下，骨料强度的变化对弹体峰值加速度的影响不是特别明显，基本上在 10% 以内。从图 5-20 中靶体的损伤图可以看出，砂浆的损伤区域较骨料的损伤区域大，靶体中损伤的分布主要集中在弹道附近，弹道两侧损伤的分布呈现明显的非均匀性，从图中可以清晰地看到砂浆的损伤区域绕过骨料而延续，这表明骨料有阻止损伤区域扩大的作用。三个模型中相同撞击速度下，靶体内砂浆的损伤区域随着骨料强度的增加几乎没有变化，而骨料的损伤区域随着骨料强度的增加略有增大，但是幅度不是很大；骨料强度相同时，靶体的损伤区域随着速度的增加而增大。

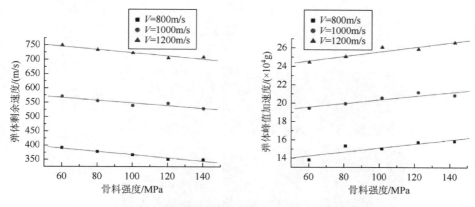

图 5-23　弹体剩余速度和峰值加速度与骨料强度的关系

5. 弹体强度对其侵彻的影响

图 5-24 给出了撞击速度为 800m/s 时弹的速度和加速度时间历程曲线，图 5-25、图 5-26 给出了弹出靶后的形状和靶体内的弹道图。

从图 5-24～图 5-26 中可以看出，在靶体材料不变的情况下，弹出靶后的剩余速度和侵彻过程中的峰值加速度与弹体材料强度和撞击速度相关，为进一步了解弹体强度对弹侵彻过程的影响，表 5-9 对不同屈服强度下弹的剩余速度和峰值加速度进行了比较。从表 5-9 中的数据可以知道，撞击速度相同时，屈服强度为

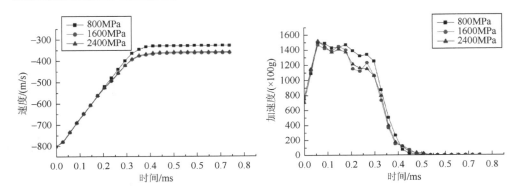

图 5-24　撞击速度为 800m/s 时弹的速度和加速度时程曲线（见彩图）

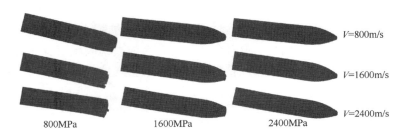

图 5-25　Model I 中弹出靶后的形状（见彩图）

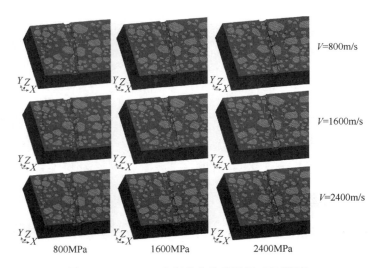

图 5-26　Model I 中靶体内的弹道图（见彩图）

1600MPa 和 2400MPa 的弹体的剩余速度较屈服强度为 800MPa 的高，峰值加速度较屈服强度为 800MPa 的低（除撞击速度为 800m/s、屈服强度为 2400MPa 的情况外），随着撞击速度的提高，剩余速度增加的幅度增大，峰值加速度降低的幅度也相应增大；相同撞击速度下，屈服强度为 1600MPa 和 2400MPa 的弹体的剩余速度和峰值加速度差别不大。这表明当靶体材料一定时，在一定范围内增加弹体的屈服强度可增加侵彻深度和降低峰值加速度，但当弹体屈服强度达到某一临界值时，增加弹体屈服强度对增强弹侵彻能力和降低峰值加速度的效果已不明显。

表 5-9　不同屈服强度下弹的剩余速度和峰值加速度

撞击速度/(m/s)	弹屈服强度/MPa	剩余速度/(m/s)	相对偏差/%	峰值加速度/(×100g)	相对偏差/%
	800	325	0	1500	0
800	1600	359	10.5	1470	−2.0
	2400	355	9.2	1520	1.3
	800	442	0	2250	0
1000	1600	543	22.8	1920	−14.7
	2400	542	22.6	1960	−12.9
	800	529	0	3330	0
1200	1600	705	33.3	2490	−25.2
	2400	722	36.5	2490	−25.2

从图 5-25、图 5-26 中弹出靶后的形状和弹道图可以看出，屈服强度为 800MPa 的弹体的破坏比屈服强度为 1600MPa 和 2400MPa 的弹体的破坏更加严重，弹头部位几乎全部被侵蚀掉，撞击速度为 1200m/s 时弹前端直径变大，壳体段出现了较为明显的弯曲变形，而屈服强度为 1600MPa 和 2400MPa 的弹的破坏主要集中在弹头部位，壳体段几乎没有发生变形。从靶体内的弹道图中可以看出，弹屈服强度较低时可以看到明显的弹道弯曲现象，随着弹屈服强度的提高，弹道弯曲现象逐渐减小。上述弹的破坏情况和靶体内弹道的变化表明弹道的弯曲是由于侵彻过程中弹的非对称受力和侵蚀所致，而弹的非对称受力和侵蚀是由于靶体内骨料的非均匀分布导致的。当弹体强度较低时，由于骨料的强度较高，侵彻过程中弹的非对称侵蚀比较严重，这加剧了弹非对称受力的趋势，所以弹道的弯曲较明显。

5.2.4　弹径/骨料粒径比和侵彻速度对正侵彻弹体偏转角度的影响分析

为便于无量纲分析，在弹体其他条件一定的情况下，定义弹径/骨料粒径比为 $\gamma = D/d$，其中 D 为子弹直径，d 为骨料最大粒径。计算中仍然采用图 5-1 的弹形。为排除骨料随机分布的影响，这里仅通过改变弹体尺寸来实现不同的 γ 值，γ 值分别取 0.4、0.85、1.67 和 2.67，则对应的最大骨料尺寸分别为 65mm、30mm、15mm

及 10mm。侵彻速度范围为 300~800m/s，计算模型及相关的简化原则均与第 3 章 3.1 节保持一致。图 5-27 为不同撞击速度下 4 个不同 γ 值的弹体偏转角度的时程曲线。

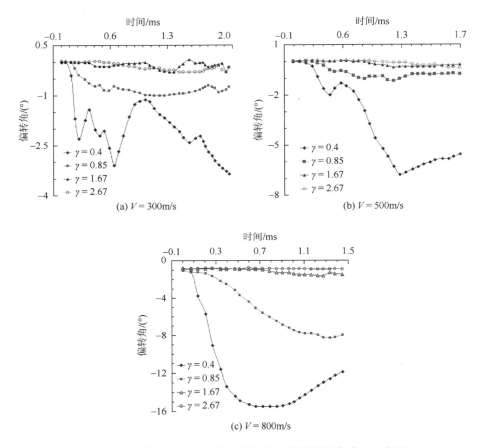

图 5-27　不同撞击速度下 4 种弹径比弹体偏转角度曲线（见彩图）

从图中可以得出以下几个规律：

（1）同一侵彻速度下，弹体偏转角度随 γ 增大而逐渐减小；当 γ 增大到 1.67 时，偏转角小于 1°，可认为无偏转。这是由于 γ 越大，则骨料越小，其他条件一致时，可认为混凝土各相材料趋于均匀。因此，在骨料强度一定时，当弹径/骨料粒径比达到一定值，可以不考虑混凝土细观组成的影响，仅采用连续均匀介质进行模拟即可。

（2）同一 γ 值时，当 γ 小于 1.67 时，随着侵彻速度增加，弹体偏转角度有较大增长。其中 γ 为 0.4，速度为 800m/s 时偏转角度已经达到 15.3°。当 γ 大于 1.67

时，随着速度增加，偏转角基本无变化，这与第一点相同。因此，将骨料的强度变化考虑进来，保守可认为在本书的计算条件下，若 γ 大于 2，即骨料最大尺寸为弹径的 1/2 时，刚性弹正侵彻混凝土靶时不发生弹道偏转，可将混凝土视作均匀介质。相反，若 γ 小于 2，弹道偏转不可忽略，混凝土各相材料对侵彻影响较大，必须采用细观模型才能正确描述弹体侵彻过程。

（3）弹体姿态在初始阶段改变甚小，这与弹体正侵彻的实验观察相吻合。初始侵彻速度较小，弹体正侵彻过程中偏转角幅值波动较大，这表明低速侵彻弹体的运动姿态容易受非对称力作用而改变。当撞击速度增高时，弹体偏转角幅值在侵彻过程中单调增加，这是由于弹体具有更大运动惯性。

5.2.5　长径比对刚性弹正侵彻混凝土弹道偏转的影响分析

侵彻过程中，弹头受到不对称侧向力作用而产生对质心的转动力矩，弹体开始发生偏转。然而，在偏转发展的过程中，弹体周围的砂浆或骨料会约束其转动而产生反向力矩作用，抑制弹体偏转的发展。弹体长度越长，分布于其周围的砂浆或骨料越多，弹体受到的反向约束力越大，弹体偏转越难以发展，整个过程中偏转角度也就越小（图 5-28）。同时，随着长径比增大，弹体直径减小，其竖向加速度减小，弹体穿透靶板所用时间减少，转动加速时间也随之减短，能达到的最大偏转角度也随之减小。值得说明的是：由于混凝土靶板中骨料分布的随机性，侵彻过程中弹体所处的力学环境不尽相同，使得图 5-28 中弹体偏转角度时程曲线走势不一，甚至正负有别（定义：弹体向右偏转为正值，向左偏转为负值）。

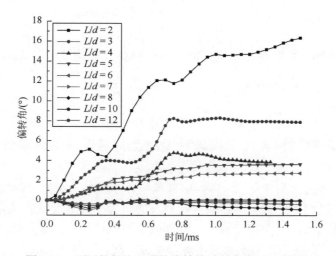

图 5-28　不同长径比下弹体偏转的时程曲线（见彩图）

当弹体长径比较小时（本工况中小于 6），弹体偏转角度随弹体长径比增大而急剧减小。在本次工况计算条件下，长径比增大到 7 后，弹体偏转角度时程曲线可近似平行于 X 轴的一条直线，整个过程中弹体偏转角度保持在较低的范围内。因此，本书给出建议，在没有特殊要求、弹体长径比大于 7 的前提下，对弹体正侵彻混凝土靶板进行数值模拟时，可考虑采用均匀连续介质用以模拟混凝土靶板以简化有限元建模。

为了进一步探究刚性弹正侵彻混凝土靶板过程中弹体偏转角度随其长径比的变化规律，取侵彻过程中不同长径比下弹体偏转角度峰值作为纵坐标，弹体长径比为横坐标，做出二者关系图（图 5-29）。

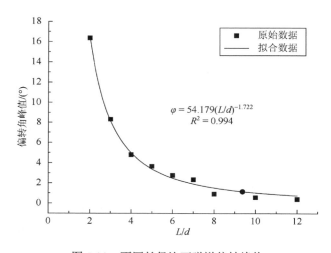

图 5-29　不同长径比下弹道偏转峰值

根据图 5-29，可以获得本次计算工况中弹体最大偏转角度（φ）随其长径比变化的经验公式：$\varphi = 54.179\left(\dfrac{L}{d}\right)^{-1.722}$。

5.2.6　弹头形状对弹体正侵彻细观混凝土弹道偏转的影响分析

当刚性弹体的弹头曲径比 φ 为 0.5（即半球形弹体），弹头形状因子 $N^* = 0.5$ 时，其在侵彻过程中受到与其运动方向相反的阻力与其他形状的弹体相比相对较大，没有穿透靶板，侵彻深度较小，侵彻的弹道轨迹并不完整，故在分析弹头形状对其偏转角度的影响时，不考虑半球形弹体工况，仅取弹头曲径比为 1～6 的工况做详细分析。

由图 5-30 可以得知：随着刚性弹头曲径比的增大，正侵彻过程中刚性弹体偏转角度不断增加，其偏转角度增加的幅值不断减小；当弹头曲径比大于 4 后，弹头形状因子 N^* 随曲径比变化的变化不大，所以弹体偏转角度随弹头曲径比变化亦不大。

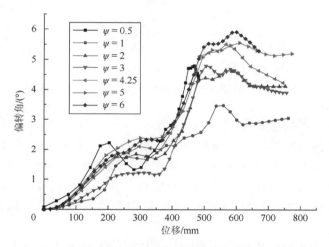

图 5-30　不同弹头曲径比下弹体的偏转角度（见彩图）

在刚性弹体侵彻细观混凝土靶板的过程中，弹体上某一微面 dA 受骨料或砂浆的作用力可以表示为图 5-31，其合力可以分解为弹头受到的侧向力和反向力，分别表示为

$$\begin{cases} dF_\perp = dF\cos\phi \\ dF_\parallel = dF\sin\phi \end{cases} \tag{5-1}$$

式中，$dF_\perp$ 为弹体受到的侧向力；$dF_\parallel$ 为弹体受到的与运动方向相反的阻力；ϕ 为微面 dA 所受合力与侧向的夹角。

则弹头所受的侧向力合力可以表示为

$$F_\perp = \iint dF\cos\theta \tag{5-2}$$

在其他侵彻条件不变的前提下，即可以认定式（5-1）中 dF 值不变。根据式（5-1）以及前文结论可知，随着弹径比的增大，弹头形状因子 N^* 不断减小，弹头形状越尖锐，其对应位置的合力与侧向力夹角 ϕ 越小，侧向分力越大，反向阻力越小。另外，刚性弹体转动的角加速度值不仅与侧向合力的值有关，还与合力作用点以及质心距离（力臂）有较大关系。随着弹体弹头曲径比的增大，弹体的质心位置会向上偏移（相对弹头顶部），导致作用点与质心距离（力臂长度）增大，弹体转动力矩增大，角加速度也随着增大，最终弹体偏转角度亦逐渐增加。

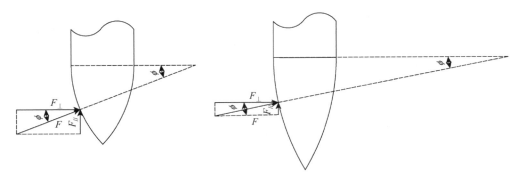

图 5-31　弹头受力示意图

　　然而，由空腔膨胀理论可知，随着弹头曲径比的增大，侵彻过程中弹体受到与其运动方向相反的阻力是减小的，穿透一定厚度靶板时所消耗的时长缩短，刚性弹体在转动时其加速时间减小，故偏转角度随弹头曲径比增大而增大的幅度在一定程度上有所减小。这便很好地解释了弹头曲径比较小时，刚性弹体偏转角度随曲径比的增大其增加幅度较大，当曲径比大于 4 后，其偏转角度增幅较小。

　　为了进一步研究弹头曲径比对刚性弹体正侵彻细观混凝土靶板过程中弹体偏转角度的影响规律，选取了不同曲径比下刚性弹体最大的偏转角度作为分析依据，做出了在本次计算工况中二者的关系图（图 5-32），并拟合了二者之间的经验关系：

$$\varphi = -0.073\psi^2 + 0.956\psi + 2.735 \qquad\qquad (5\text{-}3)$$

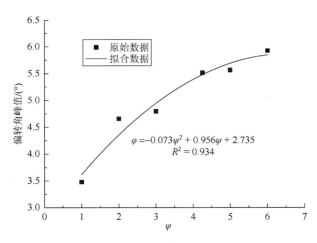

图 5-32　弹体偏转角度随曲径比变化的关系

5.3　本章小结

本章基于三维随机骨料模型对混凝土靶板正侵彻问题进行了数值模拟，主要讨论了混凝土细观组成对正侵彻过程中弹体受力的影响，并对骨料的分布、砂浆强度、骨料强度、弹体强度以及撞击速度等参数对侵彻过程的影响做了分析，对不同弹径比下的混凝土靶板侵彻进行数值模拟，得到以下结果：

（1）从细观角度出发建立的混凝土靶板模型可以反映正侵彻过程中的弹体弯曲及弹道改变的物理现象。

（2）靶体内骨料分布的非均匀性对弹体剩余速度和峰值加速度有较大影响，撞击速度较低时，不宜将混凝土视为连续均匀介质处理，撞击速度超过某一临界时，将混凝土视为连续均匀介质处理时对弹侵彻过程的影响可以忽略。

（3）考虑刚性弹正侵彻的弹道偏转时，存在一个弹体直径/骨料最大粒径比的特征比值。即，当弹径足够大时，混凝土细观组成对于弹道偏转的影响可以忽略，可将混凝土当作均匀介质处理；反之，当骨料足够大时，则应采用细观模型进行数值模拟。当弹径比大于 2 时，混凝土细观组成在正侵彻过程中基本可以忽略，且速度影响较小，此时可以采用连续均匀模型进行数值计算，反之则应该考虑细观组成对弹体偏转的影响；在刚性弹假设范围内，同一弹径比下（弹径比小于 2），偏转角度随速度增加而不断地增加。

（4）弹体长径比变化对弹道偏转的影响显著；弹道偏转角度随弹体长径比增加而减小，且减幅逐渐减小；长径比小于 7 时，其对弹体偏转的影响显著；长径比大于 7 时，弹体几乎不发生偏转，此时，混凝土靶板可考虑采用均匀连续介质进行建模。

（5）弹体正侵彻混凝土过程中，由于靶板各相材料力学性能的差异性，弹体受到不对称侧向力作用，导致弹体运动姿态发生变化，整个细观模型混凝土正侵彻过程中，弹体所受侧向力一直存在且不断发生变化，弹头形状影响弹头所受阻力，弹头形状不同，其所受侧向力不同，弹头越尖，弹体偏转角度越大，当弹头曲径比大于 4 后，其对弹体偏转角度的影响并不显著。此外，根据不同曲径比下刚性弹体最大的偏转角度，给出了二者之间的经验公式，可为后续研究提供相关依据。

参 考 文 献

[1]　Young C W. Penetration equations[R]. Office of Scienfific & Teehmical Information Technical Ceports, 1997, 33（1-12）：837-846.

[2]　Kennedy R P. A review of procedures for the analysis and design of concrete structures to resist missile impact

　　　　effects[J]. Nucl. Eng. Des.，1976，37（2）：183-203.

[3]　陈小伟. 穿甲/侵彻问题的若干工程研究进展[J]. 力学进展，2009，39（3）：316-351.

[4]　何翔，徐翔云，孙桂娟. 弹体高速侵彻混凝土的效应实验[J]. 爆炸与冲击，2010，30（1）：1-6.

[5]　梁斌. 弹丸对有界混凝土靶侵彻研究[D]. 绵阳：中国工程物理研究院，2004.

[6]　Hanchak S J，Forrestal M J. Perforation of concrete slabs with 48MPa（7ksi）and 140MPa（20ksi）unconfined
　　　compressive strengths[J]. Intenational Journal of Impact Engineering，1992，12（1）：1-7

[7]　陈小伟，李继承. 刚性弹侵彻深度和阻力的比较分析[J]. 爆炸与冲击，2009，29（6）：584-589.

[8]　Chen X W. Dynamics of metallic and reinforced concrete targets subjected to projectile impact[D]. Singapore：
　　　Nanyang Technological University，2003

[9]　李志康，黄风雷. 混凝土材料的动态空腔膨胀理论[J]. 爆炸与冲击，2009，29（1）：95-100.

[10]　Forrestal M J，Frew D J，Hanchak S J，et al. Penetration of grout and concrete targets with ogive-nose steel
　　　projectiles[J]. International Journal of Impact Engineering，1996，18（5）：465-476

第 6 章　砂卵石土几何模型构建

随着细观力学理论的发展和高速度大容量电子计算机的出现，很多研究人员利用基于细观力学层次的数值模型来研究非均质多相脆性材料的宏观力学性能，主要是针对砂卵石土的抗剪强度。然而室内外实验的实验成本较高、可重复性差，且实验数据离散。因此，数值模拟是势在必行的。对粗粒土的数值模拟研究大致分为两种不同的途径，一种是基于有限元法的数值模拟，另一种则是基于离散元法的数值模拟。其中，基于有限元法的数值模型中将土视为连续的介质，而对于本书研究的对象（砂卵石土），基于离散元法的数值模拟具有绝对的优势，因为离散元法的主要思想是将材料离散成有限数量的颗粒单元，通过模拟颗粒单元之间的相互作用与相对运动，从而反映材料的宏观特性，砂卵石土正是由有限数量的土石颗粒组成，完全符合离散元法的思想。并且，离散元法是以 C 语言为程序代码，通过语言的控制实现模型的建立，对于砂卵石土中土石颗粒的粒径分布、位置分布都能够较为精准地设定，以符合实际模型的需要。

离散元法数值模型能够较好地反映砂卵石土中粗细土石颗粒之间的相互作用以及相对位置，从而反映出砂卵石土的内部结构特点，故本书以离散元模型为基础，以便完成后续工作。

6.1　随机颗粒模型的建立

颗粒离散元法是以 C 语言为基本程序代码，能够将真实砂卵石土的级配需要（土石颗粒的粒径分布情况、土石颗粒的含量百分比分布情况）通过语言的形式输入，并以图像的方式输出。

离散元法中的两个基本对象：墙体和颗粒。其中，墙体用于模拟砂卵石土的约束边界，颗粒用于模拟砂卵石土中的土石颗粒。

土石颗粒建模的命令格式如下：GENERATE x *xl xu*；y *yl yu*；z *zl zu*；radius *rl ru*；id *il iu*。即在 *xl*<*x*<*xu*、*yl*<*y*<*yu*、*zl*<*z*<*zu* 的区域内生成 *iu*−*il*+1 个颗粒单元，其中颗粒单元的编号从 *il* 到 *iu*，颗粒半径是 *rl* 到 *ru* 之间的随机数，所有颗粒的位置和颗粒半径都是通过命令 SET RANDOM 控制的随机数随机分配，即颗粒的位置和颗粒的半径都是计算机随机确定的，只是人为给定了一个界限。土

石颗粒的建模也可以通过 BALL 命令实现，此命令建立的土石颗粒模型的位置和半径都是确定的，但是此命令只适合于单个颗粒的建模，而 GENERATE 则是规模性地建模。故数值模拟中采用 GENERATE 命令建立砂卵石土数值模型，同时也能够满足砂卵石土中土石颗粒粒径分布和位置分布的随机性。

6.1.1　半径膨胀法

半径膨胀法的主要思想是在建模初期，将模型中需要生成的所有颗粒的半径人为地缩小一定的比率，待颗粒生成后，计算模型中的孔隙率（即模型中空隙所占的总体积与模型总体积之比），根据模型中的孔隙率与设定孔隙率的关系确定一个放大系数，应用放大系数对模型中所有颗粒的半径进行同时放大，以达到模型需要达到的孔隙率。

根据孔隙率的定义，孔隙率 n 可以表示为

$$n = 1 - V_P / V \tag{6-1}$$

其中，V_P 是所有颗粒的总体积；V 是容器的体积。

因此，

$$nV = V \sum \frac{4}{3} \pi R^3$$
$$\sum R^3 = 3V(1-n) / 4\pi \tag{6-2}$$

其中，$\sum$ 代表所有的颗粒；R 代表颗粒的半径。

n_0 代表初始模型的孔隙率，n 代表真实模型的孔隙率，则有下面关系成立：

$$\frac{\sum R^3}{\sum R_0^3} = \frac{1-n}{1-n_0} \tag{6-3}$$

其中，R_0 表示颗粒初始半径。

如果对所有的颗粒使用相同的放大系数 m，那么对于 R 和 R_0 则满足 $R = mR_0$，于是有

$$m = \left(\frac{1-n}{1-n_0} \right)^{\frac{1}{3}} \text{ 或者 } m^3 = \frac{1-n}{1-n_0} \tag{6-4}$$

由于 GENERATE 命令在规模性建模的时候，一次性生成满足条件的颗粒时很难达到设定的孔隙率，还有可能致使模型中的初始应力过大等现象。故采用半径膨胀法，在砂卵石土颗粒生成的前期，将砂卵石土中土石颗粒的半径进行同比率缩放，待模型中颗粒生成完毕，再根据提取的放大系数 m 将模型中的所有颗粒的半径放大，以完成砂卵石土的建模。

6.1.2　随机球形颗粒模型的建立

使用 GENERATE 进行规模性建模时，颗粒的半径在一个设定范围内，即[rl, ru]。然而实际的砂卵石土具有一定的级配，如表 6-1 所示，土石颗粒的粒径范围不止一个，同时，不同粒径范围的土石颗粒的百分比含量也不一样。为了能够更真实地反映砂卵石土中土石颗粒的级配及其百分比含量，采用循环式建模的方法建立含级配的砂卵石土模型。

表 6-1　砂卵石土通过筛孔的质量百分比（%）

级配	粒径尺寸/mm									
	60	50	40	30	20	10	5	2	0.5	0.075
1	100	95	90	—	70	52	40	25	17	7

首先，通过表 6-1 中的累计百分比算出粒径在[50，60]mm 范围内的颗粒所占的质量百分比为 5%，假设砂卵石土中所有颗粒的密度相同，则该粒径范围内的颗粒所占的体积百分比也为 5%，同样可以算出其余几种粒径范围内颗粒所占的体积百分比分别为 5%、20%、18%、12%、15%、8%、10% 和 7%。

其次，通过 GENERATE 命令在模型大小限定的空间范围内的 5% 随机体积内，按照半径膨胀法的理论，生成颗粒粒径在[50，60]mm 范围内的颗粒。通过循环调用 GENERATE 命令，分别在模型空间体积内的 5%、20%、18%、12%、15%、8%、10% 和 7% 随机体积内生成颗粒粒径在[40，50）mm、[20，40）mm、[10，20）mm、[5，10）mm、[2，5）mm、[0.5，2）mm、（0.075，0.5）mm 和[0.075，0.075]mm 范围内的颗粒。

最后，通过计算模型中的孔隙比，确定一个放大系数，对模型中所有颗粒的半径进行同时放大，使得模型中颗粒的级配与表 6-1 中所示的级配完全对应。图 6-1 是建立砂卵石土模型的具体思路。

当模型的体积一定，在模型中的颗粒粒径完全均匀的情况下，颗粒的增加量与颗粒的粒径减小量呈指数增长的关系，即所有颗粒粒径减小一半，模型中的颗粒数量增加 8 倍。当模型中的颗粒数量超过 30000 时，计算机的计算效率将明显降低。基于武明[1]的研究，取 10mm 作为土石分界线，同时也由于颗粒的数量和计算机效率的限制，即此次模拟中最小颗粒尺寸为 10mm，粒径在 10mm 以下的土颗粒全部考虑成 10mm。

在数值模拟中通过建立墙体来作为砂卵石土颗粒的约束边界，以下是建立墙体的主要命令：

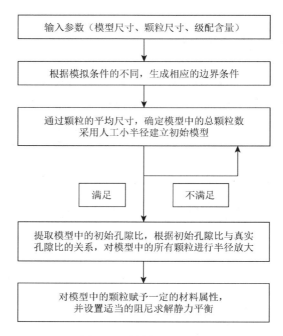

图 6-1　建模的基本思路

```
def make_walls                    ；定义建立墙体的函数
extend=0.001
rad_cy=0.5*wlx
w_stiff=1e9
_z0=-extend
_z1=wlz/2.0
_z2=wlz+extend
command
wall type cylinder id=1 kn=w_stiff end1 0.0 0.0 _z0 end2 0.0
0.0_z1 &
    rad rad_cy rad_cy
endcommand
command
wall type cylinder id=2 kn=w_stiff end1 0.0 0.0 _z1 end2 0.0
0.0_z2 &
    rad rad_cy rad_cy
endcommand
```

```
command
wall id=5 kn=w_stiff orig 0 0_z0 norm 0 0_z2
endcommand
command
wall id=6 kn=w_stiff orig 0 0_z2 norm 0 0_z0
endcommand
end
```

在约束边界内，建立级配所需的砂卵石土的主要命令如下：

```
def et3_gradballs                   ; 定义建立颗粒的函数
grain_vol=(1-n)*wlz*pi*(wlx/2.0)^2; the tatal volume of
the grains in the assembly
_xl=-0.5*wlx
_xu=0.5*wlx
_yl=-0.5*wly
_yu=0.5*wly
_zl=0
_zu=wlz
z1=wlz/2
array gb_ratio(11)gb_size(11)gb_rzoom(11)
gb_ratio(1)=0.05
gb_size(1)=0.051
gb_rzoom(1)=0.060/0.051
gb_ratio(2)=0.05
gb_size(2)=0.041
gb_rzoom(2)=0.050/0.041
gb_ratio(3)=0.2
gb_size(3)=0.021
gb_rzoom(3)=0.040/0.021
gb_ratio(4)=0.18
gb_size(4)=0.011
gb_rzoom(4)=0.020/0.011
gb_ratio(5)=0.52
gb_size(5)=0.010
gb_rzoom(5)=1.0
loop i(1,grad_num)
```

```
_gvol=grain_vol*gb_ratio(i)
o=out('it is creating balls for gradation'+string(i)+': ')
_rmin=gb_size(i)/2.0
_rmax=gb_size(i)*gb_rzoom(i)/2.0
av_rad=(_rmin+_rmax)/2.0
_bvol=(4.0/3.0)*pi*av_rad^3.0
b_num=int(_gvol/_bvol)+1
n1=max_bid+1
n2=max_bid+b_num
_rmax=0.1*_rmax
_rmin=0.1*_rmin
command
print n1,n2 gb_ratio(i)gb_size(i)av_rad_rmax_rmin
gen x=_xl,_xu y=_yl,_yu z=_zl,_zu &
rad=_rmin,_rmax filter ff_cylinder &; 调用函数 ff_cylinder
id=n1,n2  tries 200000
prop c_index i range id n1 n2
endcommand
endloop
get_poros                        ; 调用函数 get_poros
count=100
loop i(1,10)
_factor=mult1^0.1
command
print mult1
ini rad mult_factor
cyc count
endcommand
count=count+100
endloop
end
def get_poros                    ; 定义提取初始模型孔隙比的函数
sum=0.0
bp=ball_head
loop while bp#null
```

```
sum=sum+4.0/3.0*pi*b_rad(bp)^3
bp=b_next(bp)
endloop
pmeas=1.0-sum/(grain_vol/(1-n))
mult1=((1.0-n)/(1.0-pmeas))^(1.0/3.0)
end
def ff_cylinder                    ；定义一个排斥函数(过滤器)
ff_cylinder=0
_brad=fc_arg(0)
_bx=fc_arg(1)
_by=fc_arg(2)
_bz=fc_arg(3)
_rad=sqrt(_bx^2+_by^2)
if_rad+_brad＞rad_cy then
ff_cylinder=1
end if
end
```

图 6-2 是通过半径膨胀法（即上述程序）建立的砂卵石土模型，是根据表 6-1 中所示级配建立的初始模型和放大过后的真实模型。

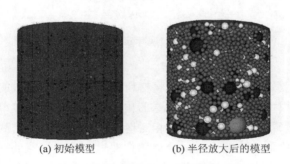

(a) 初始模型   (b) 半径放大后的模型

图 6-2　半径膨胀法建立的砂卵石土模型

6.1.3　随机多面体颗粒模型的建立

前人对粗粒土的数值模拟研究中大都是将土石颗粒考虑成球形颗粒[2,3]（三维）或者圆盘[4,5]（二维），忽略了粗粒土中土石颗粒的形状对土体宏观力学特性的影响。根据 Potyondy 等[6]、Cho 等[7]和 Hoek 等[8]的分析可知，以球形颗粒为单元的传统颗粒离散元模型在三轴实验模拟中得到的抗剪强度一直低于实验值，这是传统的球形颗粒法不能克服的缺陷，尽管对细观参数进行了适当的调整，但仍不能弥补这种缺陷。耿丽等[9]在对粗粒土的三轴实验进行数值模拟分析的过程中也发现了类似的问题。Cho 等[7]的分析表明，根据颗粒的实际形状引入不规则的颗粒，能有效提高离散元数值模型的抗剪强度。

　　实际的砂卵石土土石颗粒见图 6-3，土石颗粒并非圆球形，而是呈现扁平状，并具有一定的棱角。为了能在数值模拟中反映砂卵石土颗粒的形状，并通过形状反映出砂卵石土颗粒形状对其宏观力学特性的影响，数值模拟中采用文献[10]中模拟沥青混凝土粗集料的思想，建立砂卵石土随机多面体颗粒模型。

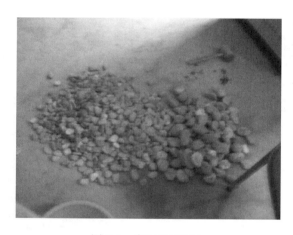

图 6-3　实际砂卵石土

　　三维颗粒离散元法的主要思想是将材料分解为有限个离散的球形颗粒单元来分析，即离散元模型中的基本单元是球形颗粒单元，球形颗粒单元是刚性颗粒单元，通过模拟球形颗粒与球形颗粒的相对运动来反映材料的宏观特性。颗粒离散元法基本假设[11]中的 Clump Logic 允许用户通过一定的特殊处理，将聚集在一起的有限个颗粒单元生成一个超级颗粒单元（简称超单元），超单元可以用户自定义成任意的形状，并具有不变形的边界条件。并且在每个计算周期的循环中，超单元内部的接触力不予考虑，节约计算周期。超单元的颗粒可以任意程度的重叠，并不会产生接触力，即有外力作用于超单元之上时，超单元也不会断裂成多个颗粒，因此，超单元可以完全当成是一个刚性体来处理。由于超单元可以自定义成任意的形状，用这样的超单元来模拟砂卵石土是非常合适的，下面介绍此类超单元的生成原理[10]。

　　如图 6-4 所示，级配球的球心坐标和半径分别为 $O(x_c, y_c, z_c)$ 和 R。通过确定平面上的一个点和该平面的外法线方向，就能确定一个参考平面。参考平面的外法线方向由三个随机生成的数 n_x、n_y、n_z 确定，表示为

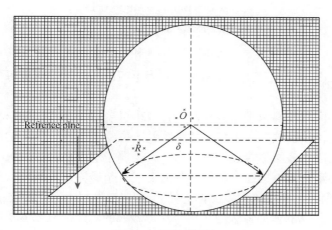

图 6-4　级配球颗粒

$$n_x = \cos(2\pi \times \text{rand}())$$
$$n_y = \cos(2\pi \times \text{rand}())$$　　　　　　　　（6-5）
$$n_z = \cos(2\pi \times \text{rand}())$$

其中，rand()是一个随机生成的数，在 0.0 到 1.0 之间随机取值。

参考平面上的一个点 $O'(x_c', y_c', z_c')$ 是由下面的方程确定的：

$$
\begin{cases}
x_c' = x_c + R \times (1-\zeta) \times \dfrac{n_x}{\sqrt{n_x^2 + n_y^2 + n_z^2}} \\[2mm]
y_c' = y_c + R \times (1-\zeta) \times \dfrac{n_y}{\sqrt{n_x^2 + n_y^2 + n_z^2}} \\[2mm]
z_c' = z_c + R \times (1-\zeta) \times \dfrac{n_z}{\sqrt{n_x^2 + n_y^2 + n_z^2}}
\end{cases}
$$　　　　　　　　（6-6）

其中，n_x、n_y、n_z 是外法线方向的三个分量；ζ 是用户自定义的参数，取值在 0 和 1 之间变化。由式（6-6）可以看出，随机生成的点 $O'(x_c', y_c', z_c')$ 一定是在球心坐标为 $O(x_c, y_c, z_c)$、半径为 R 的球形区域内部或者边缘，即随机生成的参考平面一定是在球心坐标为 $O(x_c, y_c, z_c)$、半径为 R 的区域内部或者与之相切，同时，随机生成的外法向量的方向也是背离球心的。

根据上述建立参考平面的方法，通过 C 语言循环的控制可以建立多个参考平

面，为了避免循环的时候随机产生的外法向量重合，因此，公式（6-5）生成外法向量 n_x、n_y、n_z 的三个公式可以修正为以下形式：

$$n_x = \cos(2\pi \times \mathrm{rand}() + \mathrm{num} \times 0.1 \times \pi)$$
$$n_y = \cos(2\pi \times \mathrm{rand}() + \mathrm{num} \times 0.1 \times \pi) \qquad (6\text{-}7)$$
$$n_z = \cos(2\pi \times \mathrm{rand}() + \mathrm{num} \times 0.1 \times \pi)$$

其中，num 是在循环生成外法向向量中人为不断改变的量，避免每次生成的外法向量重复的情况。

通过球形区域和参考平面的相对位置，可以确定一个不规则形状的区域，即多面体颗粒的覆盖区域。一个多面体颗粒的产生将会覆盖下面均匀分布的小球颗粒，小球颗粒落入多面体包裹的范围内，将会属于这个多面体。每个多面体内所有的颗粒都是紧紧地连接在一起的，从而形成一个砂卵石土颗粒。通过不断修改 ζ 的取值，得到其不同取值下多面体颗粒的形状变化规律，如图 6-5 所示为 ζ 取值为 0.0～1.0 时建立的多面体颗粒与单个球形颗粒的对比。从图 6-5 可以看出，随着 ζ 取值的增大，多面体颗粒的形状变得越长、越扁。因此，ζ 是用户自定义多面体颗粒形状的参数。

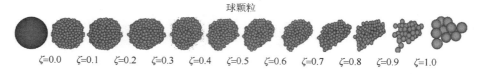

图 6-5　ζ 取不同值时的多面体颗粒形状变化

以上是单个多面体颗粒生成的方法，将图 6-5 中的每个球形颗粒单元都用一个多面体颗粒来代替，即建立了砂卵石土多面体颗粒模型。根据上述生成多面体颗粒的方法，生成砂卵石土的多面体颗粒模型分为以下几个步骤：

（1）按随机球形颗粒单元的方法，根据砂卵石土的级配需要，生成级配所需的砂卵石土模型，如图 6-6 所示。提取模型中所有球形颗粒单元的几何参数（球心坐标和半径），并将其存储在一个文件中，以便后面使用。

（2）删除模型中所有的级配球颗粒（模型的边界约束保留），并在边界约束的区域内生成粒径相对较小且粒径分布均匀的小球形颗粒（即组成超单元所需的基本球形颗粒单元）。

（3）读取第一步中储存的文件，即将级配球的几何参数信息提取出来，根据多面体生成的方法，在均匀粒径分布的小球形颗粒模型中，在多面体颗粒所覆盖的区域内采用小球形颗粒生成多面体颗粒，图 6-6 是根据多面体颗粒生成原理建立的表 6-1 中所示级配的砂卵石土多面体颗粒模型。

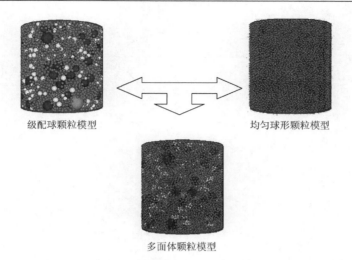

级配球颗粒模型　　　　　　　　　　　　　　均匀球形颗粒模型

多面体颗粒模型

图 6-6　多面体颗粒模型的生成方法

6.1.4　随机多面体颗粒模型中级配的修正

由于在离散元法数值模型中，砂卵石土的最小颗粒粒径设定为 10mm，则表 6-1 中砂卵石土级配可以表示为：粒径[50，60]mm 范围内的颗粒占 5%，[40，50）mm 范围内的颗粒占 5%，[20，40）mm 范围内的颗粒占 20%，（10，20）mm 范围内的颗粒占 18%，粒径 10mm 的占 52%。

由上述多面体颗粒模型的生成原理可知，单个多面体颗粒的区域是在单个级配球形颗粒区域的基础上通过多个参考平面切割而成的，即单个多面体颗粒的空间体积将会小于相应球形颗粒的空间体积，那么砂卵石土多面体颗粒模型中的每个多面体颗粒的空间体积都会小于相应的球形颗粒的空间体积，所以多面体颗粒模型中土石颗粒级配的百分比含量发生了变化。

为了保证砂卵石土多面体颗粒模型中颗粒级配的准确性，需要对建模时的级配参数进行一定的调整。为了简化分析的过程，首先从二维的分析入手，如图 6-7 所示，级配球在二维中简化为圆心为 O、半径为 R 的圆，参考平面简化为一条直线 BD。

在砂卵石土多面体颗粒生成的过程中，根据参数 ζ 的取值，可以由公式（6-2）计算出线段 OF 的平均长度。则图 6-7 中的角度 α 可以由下面公式计算：

$$\sin\alpha = \frac{|OF|}{R} \tag{6-8}$$

四边形 $OFDE$ 的面积（S_{OFDE}）可以表示为

$$S_{OFDE} = S_{OFD} + S_{ODE} \tag{6-9}$$

其中，S_{OFD} 是 $\triangle OFD$ 的面积；S_{ODE} 是扇形 ODE 的面积。S_{OFD} 可表示为

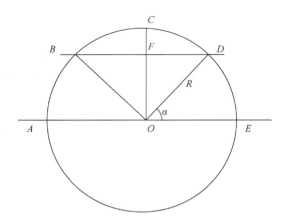

图 6-7 级配球和参考平面（二维）

$$S_{OFD} = \frac{1}{2}|OF|R\sin\beta \qquad （6-10）$$

其中，$\sin^2\beta + \sin^2\alpha = 1$。

S_{ODE} 可表示为

$$S_{ODE} = \frac{1}{2}\alpha R^2 \qquad （6-11）$$

则在二维中，圆形区域被直线 BD 切去部分的面积（S_{BCDF}）可以表示为

$$S_{BCDF} = \frac{1}{2}\pi R^2 - 2S_{OFDE} \qquad （6-12）$$

被切去的部分面积占圆形区域面积的百分比 P_{CUT} 为

$$P_{\text{CUT}} = \frac{S_{BCDF}}{\pi R^2} \times 100\% \qquad （6-13）$$

然而在真实的三维模型中，被参考平面切去的部分是一个体，而不是一个面，如图 6-8 所示。

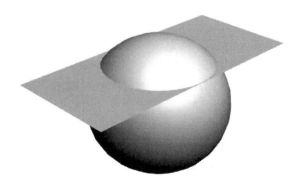

图 6-8 级配球和参考平面（三维）

根据数学公式：

$$\frac{i}{j} = \frac{i+i}{j+j} = \frac{i+i+i}{j+j+j} = \cdots = \frac{n \cdot i}{n \cdot j} = \frac{i}{j} \tag{6-14}$$

则二维模型投影到三维模型中，被切去部分的体积占整个球形区域体积的百分比同样也为 P_{CUT}。由于在多面体颗粒建模过程中随机建立的参考平面数为 3，则三个参考平面切去的总体积占整个球形区域体积 P_{ALL} 的百分比为

$$P_{ALL} = 3P_{CUT} \tag{6-15}$$

但是在建立参考平面的过程中，参考平面的位置是随机的，在参考平面对球形区域进行切割的过程中，可能会有某个区域同时位于多个参考平面切割的范围内。由图 6-7 可以看出，第二个参考平面和第三个参考平面不会与第一个参考平面同时切割某一个区域的概率为

$$P_1 = \frac{2\alpha + \pi}{2\pi} \tag{6-16}$$

第三个参考平面不会与第二个参考平面同时切割某一个区域的概率为

$$P_2 = \frac{4\alpha}{2\pi} \tag{6-17}$$

则三个参考平面对球形区域进行切割，不会有某一个区域同时位于多个参考平面的切割范围的概率为

$$P_3 = P_1 P_2 \tag{6-18}$$

由公式（6-18）算得，P_3 的值为 28.87%，即三个参考平面切割的范围互不影响的概率为 28.87%。则有 71.13%的概率，三个参考平面切割的区域会相互交错。所以需要对式（6-15）中的 P_{ALL} 进行一定的修正，经过不停地调试和分析，取修正系数为 0.8，即三个参考平面切割的区域中有 20%的区域相同。则由三个参考平面切去的总体积占整个球形区域体积的百分比为

$$P = 0.8P_{ALL} \tag{6-19}$$

如表 6-1 中，砂卵石土颗粒粒径在（50，60]mm 范围内的颗粒所占体积百分比为 5%，假设其所占的总体积为 V_1，则在多面体颗粒模型中，该粒径范围的砂卵石土所占的体积为（1–P）V_1。为了保证在多面体颗粒模型中，粒径在（50，60]mm 范围内的颗粒所占的总体积仍为 V_1，则在建立砂卵石土随机球形颗粒模型时，该粒径范围的颗粒所占的总体积应改为 $V_1/(1-P)$，即该粒径范围的颗粒所占的体积百分比应改为[5/(1–P)]%。其余几种粒径范围的颗粒所占的体积百分比也做类似的修正，以确保多面体颗粒模型中粗细土石颗粒含量的准确性。

6.2 本 章 小 结

本章完成了砂卵石土随机颗粒模型的建立，在保证砂卵石土颗粒级配的前提下，实现了砂卵石土颗粒粒径分布、颗粒位置分布的随机性；在随机颗粒模型的基础上，通过超单元的思想，生成了砂卵石土多面体颗粒模型，并针对多面体颗粒建模时造成的粗颗粒体积减小的情况，提出了一个修正公式，确保了多面体颗粒模型中砂卵石土中粗细土石颗粒级配的准确性，为砂卵石土离散元法建模技术奠定了基础。

参 考 文 献

[1] 武明. 土石混合非均质填料力学特性实验研究[J]. 公路，1997，41（1）：40-42，49.

[2] 李世海，汪远年. 三维离散元土石混合体随机计算模型及单向加载实验数值模拟[J]. 岩土工程学报，2004，26（2）：172-177.

[3] 贾学明，柴贺军，郑颖人. 土石混合料大型直剪实验的颗粒离散元细观力学模拟研究[A]. 岩土力学，2010，31（9）：2695-2703.

[4] 徐文杰，胡瑞林，谭儒蛟，等. 虎跳峡龙蟠右岸土石混合体野外实验研究[J]. 岩石力学与工程学报，2006，25（6）：1270-1277.

[5] 徐文杰，胡瑞林，岳中崎，等. 土石混合体细观结构及力学特性数值模拟研究[J]. 岩石力学与工程学报，2007，26（2）：300-311.

[6] Potyondy D O，Cundall P A. A bonded-particle model for rock [J]. International Journal of Rock Mechanics and Mining Sciences，2004，41（8）：1329-1364.

[7] Cho N，Martin C D，Sego D C. A clumped particle model for rock[J]. International Journal of Rock Mechanics and Mining Sciences，2007，44（7）：997-1010.

[8] Hoek E，Brown E T. Practical estimates of rock mass strength [J]. International Journal of Rock Mechanics and Mining Sciences，1998，34（8）：1165-1186.

[9] 耿丽，黄志强，苗语. 粗粒土三轴实验的细观模拟[J]. 土木工程与管理学报，2011，28（4）：24-29.

[10] Liu Y. Discrete element methods for asphalt concrete：development and application of user-defined microstructural models and a viscoelastic micromechanical model[D]. Michigan：Michigan Technological University，2011.

[11] 曾远. 土体破坏细观机理及颗粒流数值模拟[D]. 上海：同济大学，2006.

第7章　砂卵石土本构模型的选取及细观参数的获取

材料本构模型的选取及参数的取值是影响数值计算至关重要的因素，根据砂卵石土本身的性质及其特性，选取接触刚度模型作为离散元法中砂卵石土的本构模型，并结合砂卵石土室内直剪实验以及砂卵石土直剪实验数值模拟，分析砂卵石土细观力学参数对砂卵石土宏观力学特性的影响规律，从而选取适合于砂卵石土的细观力学参数，为砂卵石土类材料动态力学特性的分析提供基础。

7.1　砂卵石土本构模型

离散元法中提供了三类材料的本构模型：接触刚度模型、接触黏结模型和平行黏结模型。其中，接触刚度模型中的颗粒全部为离散颗粒，颗粒之间没有任何特殊处理，适用于模拟谷物、大豆等散体材料；平行黏结模型中相互接触的颗粒之间设置了一种特殊的黏结键，黏结键可以承受一定的力和力矩的作用，适用于模拟钢筋、混凝土等材料；接触黏结模型是介于接触刚度模型和平行黏结模型之间的一种模型，即在相互接触的颗粒之间设置了一种特殊的黏结键，黏结键可以承受一定的力的作用，但不能承受力矩的作用，适用于模拟黏性土等材料。

前人采用颗粒离散元法对粗粒土的力学特性进行数值模拟时大都选用接触刚度模型，证明此模型在粗粒土的数值模拟中是非常有效的[1-4]。本书研究的对象是砂卵石土，属于粗粒土[5]范畴，故选用接触刚度模型作为砂卵石土的本构模型。接触刚度将接触力和相对位移通过力-位移法则联系起来，法线和切线方向的表达式如下：

$$F_i^n = k_n U^n n_i$$
$$\Delta F_i^s = -k_s \Delta U_i^s$$

（7-1）

其中，k_n是法向接触刚度，表征的是总的法向接触力与总的法向位移之间的关系；k_s是切向接触刚度，表征的是切向接触力增量与切向位移增量之间的关系。

将力-位移法则应用于每一个接触处，每一个接触考虑成一个接触点 $x_i^{[C]}$，通过这个接触点和一个单位法向量 n_i 定义一个接触面。接触点是在两个相互接触的实体相互渗透的体积内部。对于颗粒与颗粒接触，单位法向量与两个颗粒球心的连线平行；对于颗粒与墙接触，单位法向量与颗粒球形到墙距离最近的线段平行。接触力分为两个部分：平行于单位法向量的法向分量和接触面内的切向分量。力-位移法则将这两个力的分量与两个相互接触的实体的相对位移通过接触点出处的法向刚度和切向刚度联系起来。力-位移法则对颗粒与颗粒接触和颗粒与墙接触都适用。

对于颗粒与颗粒接触，两个颗粒分别标记为 A 和 B，具体描述见图 7-1；颗粒与墙体接触，颗粒和墙体分别标记为 b 和 w，详细描述见图 7-2（两种情况下，U^n 表示重叠量）。

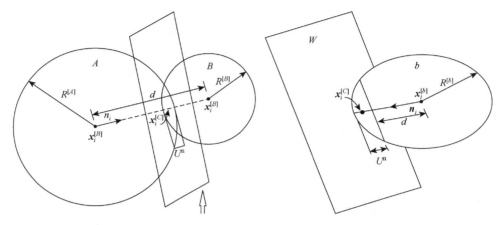

图 7-1　颗粒与颗粒接触　　　　　　图 7-2　颗粒与墙体接触

对于颗粒之间的接触，单位法向量 $\boldsymbol{n}_i$ 定义为

$$\boldsymbol{n}_i = \frac{x_i^{[B]} - x_i^{[A]}}{d} \tag{7-2}$$

其中，$\boldsymbol{x}_i^{[A]}$ 和 $\boldsymbol{x}_i^{[B]}$ 分别表示颗粒 A 和 B 的位置矢量；d 表示两个颗粒球心的距离，定义为

$$d = \left| \boldsymbol{x}_i^{[B]} - \boldsymbol{x}_i^{[A]} \right| = \sqrt{(x_i^{[B]} - x_i^{[A]})(x_i^{[B]} - x_i^{[A]})} \tag{7-3}$$

对于颗粒与墙体接触，$\boldsymbol{n}_i$ 的方向沿着颗粒球心到墙体距离最近的线段，d 等于颗粒球心到墙体的垂直距离。

U^n 定义为接触点的法向位移，$R^{[x]}$ 是颗粒 x 的半径，则

$$\begin{cases} U^n = R^{[A]} + R^{[B]} - d, & \text{颗粒与颗粒接触} \\ U^n = R^{[b]} - d, & \text{颗粒与墙体接触} \end{cases} \tag{7-4}$$

接触点的坐标表示为

$$\begin{cases} \boldsymbol{x}_i^{[C]} = \boldsymbol{x}_i^{[A]} + \left(R^{[A]} - \dfrac{1}{2} U^n \right) \boldsymbol{n}_i, & \text{颗粒与颗粒接触} \\ \boldsymbol{x}_i^{[C]} = \boldsymbol{x}_i^{[B]} + \left(R^{[B]} - \dfrac{1}{2} U^n \right) \boldsymbol{n}_i, & \text{颗粒与墙体接触} \end{cases} \tag{7-5}$$

接触力矢量 $\boldsymbol{F}_i$ 可以在接触面上分解为法向和切向两个分量，即

$$\boldsymbol{F}_i = \boldsymbol{F}_i^{\mathrm{n}} + \boldsymbol{F}_i^{\mathrm{s}} \qquad (7\text{-}6)$$

其中，$\boldsymbol{F}_i^{\mathrm{n}}$ 和 $\boldsymbol{F}_i^{\mathrm{s}}$ 分别表示法向力和切向力矢量

法向接触力矢量可以通过以下方程计算：

$$\boldsymbol{F}_i^{\mathrm{n}} = k_{\mathrm{n}} U^{\mathrm{n}} \boldsymbol{n}_i \qquad (7\text{-}7)$$

其中，k_{n} 是法向接触刚度（力/位移），其取值取决于当前接触模型，应将总位移与合力联系起来。

在整个计算过程中，切向接触力矢量是以增量的形式代入计算。每当有两个单元产生接触时，总的切向接触力将被初始化为 0，通过计算以下两个旋转方程，不断更新切向接触力的值。

$$\begin{aligned} \{\boldsymbol{F}_i^{\mathrm{s}}\}_{\mathrm{rot.1}} &= \boldsymbol{F}_j^{\mathrm{s}}(\delta_{ij} - e_{ijk}e_{kmn}\boldsymbol{n}_m^{[\mathrm{old}]}\boldsymbol{n}_n) \\ \{\boldsymbol{F}_i^{\mathrm{s}}\}_{\mathrm{rot.2}} &= \{\boldsymbol{F}_j^{\mathrm{s}}\}_{\mathrm{rot.1}}(\delta_{ij} - e_{ijk}(\omega_k)\Delta t) \end{aligned} \qquad (7\text{-}8)$$

其中，$\boldsymbol{n}_m^{[\mathrm{old}]}$ 是上一个时间步时接触面处的单位法向量；(ω_k) 是两个相互接触的实体在当前时间步时的平均角速度，可由以下方程计算：

$$(\omega_k) = \frac{1}{2}(\omega_j^{[\Phi^1]} + \omega_j^{[\Phi^2]})\boldsymbol{n}_j\boldsymbol{n}_i \qquad (7\text{-}9)$$

其中，$\omega_i^{[\Phi^j]}$ 是实体 $\boldsymbol{\Phi}^j$ 的旋转速度，有

$$\begin{cases} [\boldsymbol{\Phi}^1, \boldsymbol{\Phi}^2] = \{A, B\}, & \text{颗粒与颗粒接触} \\ \{\boldsymbol{\Phi}^1, \boldsymbol{\Phi}^2\} = \{b, w\}, & \text{颗粒与墙体接触} \end{cases} \qquad (7\text{-}10)$$

接触点的相对速度定义为

$$\begin{aligned} V_i &= (\dot{x}_i^{\{C\}})_{\Phi^2} - (\dot{x}_i^{\{C\}})_{\Phi^1} \\ &= [x_i^{[\Phi^2]} + e_{ijk}\omega_j^{[\Phi^2]}(x_k^{[C]} - x_k^{[\Phi^2]})] - [x_i^{[\Phi^1]} + e_{ijk}\omega_j^{[\Phi^1]}(x_k^{[C]} - x_k^{[\Phi^1]})] \end{aligned} \qquad (7\text{-}11)$$

其中，$x_i^{[\Phi^1]}$、$x_i^{[\Phi^2]}$ 分别表示实体 $\boldsymbol{\Phi}^1$、$\boldsymbol{\Phi}^2$ 的平移速度；$\omega_j^{[\Phi^1]}$、$\omega_{ij}^{[\Phi^2]}$ 表示墙体相对于墙体旋转中心的旋转速度。

接触点的速度可以分解成法向和切向的两个分量 V_i^{n} 和 V_i^{s}，切向分量可以表示为

$$V_i^{\mathrm{s}} = V_i - V_i^{\mathrm{n}} = V_i - V_j\boldsymbol{n}_j\boldsymbol{n}_i \qquad (7\text{-}12)$$

每个时间步 Δt 内，切向位移的增量可以表示为

$$\Delta U_i^{\mathrm{s}} = V_i^{\mathrm{s}}\Delta t \qquad (7\text{-}13)$$

即接触力的切向分量可以表示为

$$\Delta F_i^{\mathrm{s}} = -k^{\mathrm{s}}\Delta U_i^{\mathrm{s}} \qquad (7\text{-}14)$$

7.2　砂卵石土细观力学参数的获取方法

从理论上来讲，只要对颗粒集合组成的复合材料赋予相应的形变参数和强度参数，就能够模拟出材料的宏观力学响应。但是颗粒离散元法中颗粒的细观参数和材料的宏观力学参数之间没有直接的联系，这是和连续介质力学的本质区别。对于连续介质力学问题，材料的宏观力学参数是可以通过实验或者其他手段测得的，在数值模拟分析的过程中，材料宏观的变形参数和强度参数是可以直接使用的，不需要建立任何联系。然而在颗粒离散元法中，材料的宏观形变参数和强度参数是没法直接定义的，这是因为颗粒离散元模型中各单元和真实的材料之间存在很多难以控制的因素，这些因素之间又具有显著的非线性，而且相互影响很大。对于已知颗粒尺寸和颗粒集合组装的情况下，数值模拟需要与实验（三轴、单轴、直剪、劈裂等）建立一定的联系，这个过程叫作细观参数的标定过程[6]。下面介绍砂卵石土细观力学参数的标定过程。

7.2.1　砂卵石土室内直剪实验

1. 实验设备及实验方法简介

实验选取了 4 种级配砂卵石土，分别进行室内直剪实验。砂卵石土取样符合《建筑用卵石、碎石》（GB/T 14685—2001）。试样按《公路土工实验规程》（JTG E40—2007）中的规定进行备料。砂卵石土的密实度≥95%，集料压碎值≤30%，细长及扁平颗粒含量不应超过 20%，见图 7-3。实验是在干容重一定时，测定砂卵石土不同级配下的抗剪强度，研究颗粒级配参数对砂卵石土抗剪强度指标 C（黏聚强度）、φ（内摩擦角）值的影响。不同级配的砂卵石土列于表 7-1。

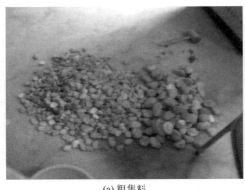

(a) 粗集料　　　　　　　　　　　　　　　(b) 细集料

图 7-3　直剪实验所用的砂卵石土

表 7-1　不同级配条件下的质量百分比（%）

级配	粒径尺寸/mm									
	60	50	40	30	20	10	5	2	0.5	0.075
1	100	95	90	—	70	52	40	25	17	7
2	—	100	95	—	75	60	42	25	17	7
3	—	—	100	95	85	60	42	25	17	7
4	—	—		100	92	70	40	27	15	5

　　砂卵石土直剪实验在粗粒土力学参数测试系统中进行，采用粗粒土直剪压缩两用仪，见图 7-4。仪器为圆柱形，直径 500mm、高 500mm，采用全自动的数据采集系统，有很高的精确度，可做固结排水剪切实验和固结不排水剪切实验，竖直方向可提供 50t 荷载，水平方向可提供 50t 推力。为研究砂卵石土的抗剪特性，分别进行轴压为 50kN、100kN、150kN、200kN 的直剪实验。

图 7-4　粗粒土直剪压缩两用仪

实验步骤如下：

（1）配料：将筛分备好的不同粒径的土粒按照表 7-1 的质量百分比进行配料；

（2）干密度实验：将配好的土样装入振动压实仪，测得该级配下土样密实度为 90%时的最大干密度值；

（3）某一级配的土样装入直剪仪，设计竖向轴压 4 级，分别为 50kN、100kN、150kN 和 200kN（图 7-5）；

（4）对试样施加一级轴向压力，待压力稳定后，逐级对试样施加水平方向荷载，直至试样破坏（图 7-6），停止实验，记录不同水平荷载条件下的试样的水平位移；

（5）压力归零，打开剪切盒，观察试样变形迹象和剪切断面形态；

（6）将实验后的土样取出，重新装入土样，施加下一级轴向压力，重复（4）～（6）步，直至完成 4 级轴压下的直剪实验；

（7）配制下一组级配土样，重复（1）～（6）步，直至完成 4 组级配下的剪切实验。

图 7-5　轴压加载完成　　　　　　　图 7-6　直剪试样破坏

2. 实验结果分析

通过记录不同轴压下，不同水平荷载条件下对应的水平位移，描绘出 4 种级配（简称 JP1、JP2、JP3、JP4）砂卵石土的剪切应力与剪切位移的关系曲线，如图 7-7～图 7-10 所示。

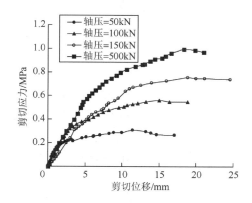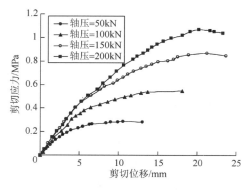

图 7-7　JP1 在四个轴压下的实验结果　　　　图 7-8　JP2 在四个轴压下的实验结果

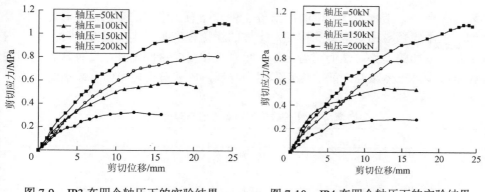

图 7-9　JP3 在四个轴压下的实验结果　　　　图 7-10　JP4 在四个轴压下的实验结果

　　提取同种级配砂卵石土在不同轴压下的峰值抗剪强度，描绘出 4 种级配砂卵石土的 τ-σ 关系曲线，如图 7-11～图 7-14 所示。

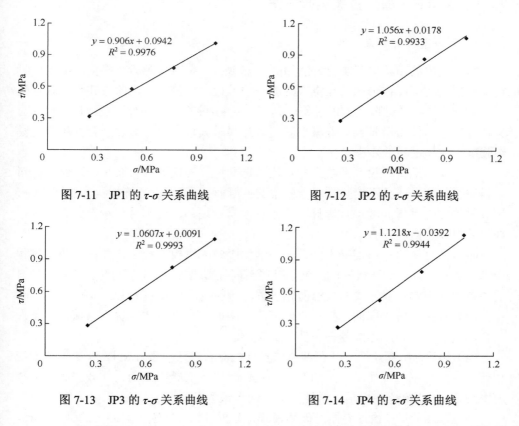

图 7-11　JP1 的 τ-σ 关系曲线　　　　　图 7-12　JP2 的 τ-σ 关系曲线

图 7-13　JP3 的 τ-σ 关系曲线　　　　　图 7-14　JP4 的 τ-σ 关系曲线

　　由 4 种级配砂卵石土的 τ-σ 关系曲线，可得 4 种级配砂卵石土的抗剪指标，如表 7-2 所示。结合表 7-2 中的数据与 4 种砂卵石土级配的组成可以看出，随着砂卵石土中粗颗粒相对含量的增加，土体的粗糙程度有一定的提升，砂卵石土内摩擦角呈增加的趋势。然而随着土体中粗颗粒相对含量的增加，土体颗粒之间的接触点减少，土体颗粒之间的相互作用力降低，砂卵石土内聚力有减小的趋势。

表 7-2　　4 种级配砂卵石土的抗剪指标

组别	C/MPa	φ/(°)
JP1	0.0942	42.2
JP2	0.0018	46
JP3	0.0078	46.8
JP4	0.0077	49

7.2.2　砂卵石土原位拉拔实验方法

1. 实验原理及步骤

本节提出的黏结强度实验方法如图 7-15 所示，其基本原理：根据混凝土中骨料与砂浆的实际存在形式，在浇筑混凝土的过程中，按照一定的方式将骨料埋置于混凝土中，并通过自然养护过程达到形成骨料-砂浆之间的界面过渡区；然后对骨料施加竖向拉力至骨料与混凝土脱离，测得最大拉力值；最后结合分析确定黏结强度。实验的主要步骤：

（1）实验准备：设计混凝土配合比，选择进行测试的骨料粒径、形状等；对骨料进行刻痕（此处不影响骨料于砂浆的接触面），用于设置施加拉力的钢丝绳。刻痕位置根据埋置深度进行选择，但不宜太靠近端部，否则骨料端部受力过大，导致骨料发生破坏。

（2）试件浇筑：将混凝土浇筑在与地面固定的钢板模板中，并在浇筑的过程中埋置骨料。为考虑随机性的影响，可在不同位置设置 3～5 个同粒径骨料，骨料的埋置深度根据计算所需的接触面积设置，一般可采用骨料的 1/2 体积。

（3）养护：首先在同一批浇筑的混凝土中取三个立方体试块，与试件同条件养护，实验试件采用标准养护条件养护 28 天。

（4）加载：用钢丝绳一端在刻痕位置绑扎卵石，另一端与 MTS 液压加载系统相连。为防止钢丝绳滑动，采用钢卡固定钢丝绳。实验中采用力加载控制，加载速率约为 0.05MPa/s，直至骨料被拔出。记录最大荷载。

（5）数据分析：根据界面的破坏模式，分析骨料、砂浆之间界面的受力形式，并结合最大荷载及接触面积得出黏结强度值。

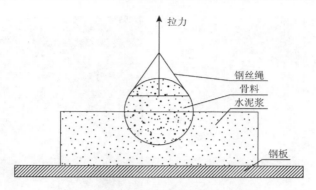

图 7-15　界面过渡区黏结强度实验方法

2. 实验过程

根据上述原理，设计不同粒径卵石在不同混凝土强度中界面的黏结强度值拉拔实验。探讨影响截面黏结强度的影响因素，分析界面的黏结强度规律。

混凝土材料：水泥为 P.O32.5 级水泥，粗骨料为豆石，细骨料为细沙，混凝土为 C15、C20、C25、C35、C40。实验卵石：选用粒径分别为 30mm、50mm、70mm、90mm、110mm 的 5 种类型椭球体卵石，分别在卵石粒径 3/4 处刻槽（图 7-16），且在 1/2 处划线。为考虑随机因素影响，各粒径选择 5 颗（根据粒径从大到小编号依次为 A1～A5，C1～C5，D1～D5，E1～E5，F1～F5，G1～G5）外形基本相同的卵石分别埋置在不同位置，精确控制埋入的深度，即椭球体的一半（图 7-17）。浇筑完成后将混凝土覆盖薄膜，标准养护 28 天。

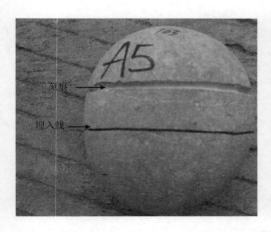

图 7-16　实验所用卵石

实验采用 MTS 液压加载设备进行加载，首先在卵石刻痕处利用钢丝绳绑扎，

图 7-17　卵石埋置情况

并用钢卡进行固定（图 7-18），然后根据图 7-19 所示的加载模式进行力加载，直至破坏，记录最大荷载。

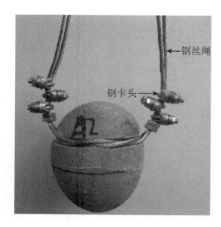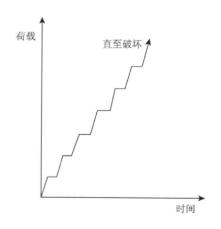

图 7-18　实验所用卵石　　　　　　　图 7-19　加载历程

3. 破坏模式分析

表 7-3 给出了不同粒径卵石骨料与混凝土之间拉拔实验的破坏模式统计。从表中可以看出，实验中的破坏模式可以分为三种，即骨料发生断裂、界面与砂浆发生破坏及界面破坏，其中绝大部分以界面破坏为主，这也间接地说明了界面是混凝土中的一个薄弱环节。通过表中的数据可以发现，当骨料粒径较小时（如粒径 30mm），在拉力作用下骨料易发生断裂（图 7-20 第一张图）；随着混凝土强度的增加，骨料断裂的概率增大。在不考虑骨料材质离散性因素条件下分析其原因：

骨料粒径较小时，其与周围混凝土结合较为紧密，界面空洞、裂隙较少，界面强度相对较高。故在外荷载作用下，可能造成骨料断裂，且周围混凝土强度增加会加剧骨料的破坏。

随着卵石骨料的增加，骨料断裂逐渐减少，而界面破坏及周围的砂浆发生破坏的试件数量增多。当骨料粒径为 110mm 时，基本上都是以界面破坏为主（图 7-20 中第四、第五张图）。这也说明骨料粒径较大时，界面在形成的过程中会存在较多的缺陷，导致界面强度较低。从表 7-3 中还可以看出，当骨料粒径较大，而周围混凝土强度较低，最终破坏时，骨料周围有大部分的砂浆受拉破坏（图 7-20 中第二、三张图）。

表 7-3　不同粒径卵石骨料与混凝土之间拉拔实验的破坏模式统计

卵石粒径/mm	混凝土等级/MPa				
	C15	C20	C25	C35	C40
30	4 个试件界面破坏 1 个试件骨料断裂	3 个试件界面破坏 2 个试件骨料断裂	2 个试件界面破坏 3 个试件骨料断裂	1 个试件界面破坏 4 个试件骨料断裂	2 个试件界面破坏 3 个试件骨料断裂
50	2 个试件界面破坏 3 个试件骨料断裂	3 个试件界面破坏 2 个试件骨料断裂	4 个试件界面破坏 1 个试件骨料断裂	5 个试件界面破坏	5 个试件界面破坏
70	3 个试件界面破坏 2 个试件界面＋砂浆破坏	3 个试件界面破坏 2 个试件界面＋砂浆破坏	5 个试件界面破坏	5 个试件界面破坏	5 个试件界面破坏
90	5 个试件界面破坏	5 个试件界面破坏	4 个试件界面破坏 1 个试件界面＋砂浆破坏	5 个试件界面破坏	3 个试件界面破坏 2 个试件界面＋砂浆破坏
110	3 个试件界面破坏 2 个试件界面＋砂浆破坏	5 个试件界面破坏	5 个试件界面破坏	5 个试件界面破坏	5 个试件界面破坏

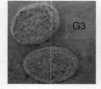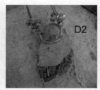

图 7-20　不同骨料粒径破坏模式

4. 黏结强度分析

宏观抗拉强度可以根据卵石和混凝土基体界面接触面积的平均抗拉强度来计算。卵石颗粒被认为是满足计算精度的近似椭球体。

平均抗拉强度：

$$\sigma = F/A \tag{7-15}$$

其中，σ、F 和 A 分别是宏观抗拉强度、拉拔力和接触面的投影面积。

图7-21给出了不同骨料粒径埋置于不同强度等级混凝土中的界面强度平均值（根据表 7-3 的情况，取界面破坏模式的强度平均值）。从图中可以看出：①从宏观数值角度分析，可以发现界面的黏结强度值在 0.5～1.5MPa，约为混凝土抗拉强度的 1/3，这也说明界面作为混凝土中的薄弱环节，其黏结强度值较小，极大地影响了混凝土的宏观力学性能。②在同一粒径下，随着混凝土强度的增加，界面黏结强度有增加的趋势，尤其是在骨料粒径较大时该趋势较为明显（如粒径 110mm 的数值）。分析其原因，由于混凝土强度增加时，水泥砂浆用量增加，其与骨料的交接面结合更为紧密，致使界面过渡区空洞、裂隙较少，从而提高黏结强度。③在同一混凝土强度等级条件下，随着骨料粒径的增加，黏结强度均有一个先增加后降低的过程（除混凝土强度 C15 的曲线）。骨料粒径增加，其比表面积减小，与周围混凝土的接触面降低，导致界面有效黏结面减少，故黏结强度低。

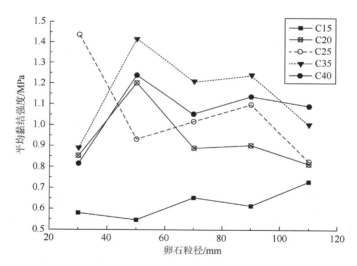

图 7-21　不同强度等级混凝土及不同卵石粒径的 ITZ 强度分布图

7.2.3　砂卵石土直剪实验数值模拟的建立及初始条件的定义

根据室内实验中直剪盒尺寸与砂卵石土级配的组成，运用砂卵石土随机颗粒模型生成方法，分别在直剪盒尺寸大小决定的空间范围内生成级配所需的砂卵石土球形颗粒直剪模型，如图 7-22～图 7-25 所示。

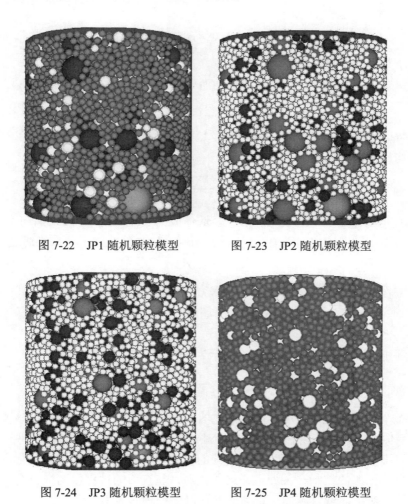

图 7-22　JP1 随机颗粒模型　　　　　图 7-23　JP2 随机颗粒模型

图 7-24　JP3 随机颗粒模型　　　　　图 7-25　JP4 随机颗粒模型

砂卵石土直剪实验是在轴向应力恒定的情况下，匀速拖动下剪切盒，直至试样破坏时完成。即在数值模拟开始之前，必须在砂卵石土轴向施加一定的轴向荷载（即定义初始条件），并确保数值模拟过程中轴向应力的恒定。在颗粒离散元中，轴向应力是通过计算轴向两面墙体的平均受力与墙体面积的比值来计算，轴向应变（ε）则是通过公式计算：

$$\varepsilon = \frac{L - L_0}{(L + L_0)/2} \tag{7-16}$$

其中，L 是上、下墙体的当前距离；L_0 是上、下墙体的原始距离。

伺服控制，对上墙体施加速度，以达到设定的轴向应力，上墙体运动的速度（$\dot{u}^{(w)}$）通过以下公式计算：

$$\dot{u}^{(w)} = G(\sigma^{\text{measured}} - \sigma^{\text{required}}) = G\Delta\sigma \qquad (7\text{-}17)$$

其中，G 是计算过程中循环提取的参数。

在每个时间步内，由于墙体的运动而引起的墙体受力的最大增量可以表示为

$$\Delta F^{(w)} = k_{\text{n}}^{(w)} N_{\text{c}} \dot{u}^{(w)} \Delta t \qquad (7\text{-}18)$$

其中，N_{c} 是颗粒与该墙体的接触点总数；$k_{\text{n}}^{(w)}$ 是这些接触的平均刚度。因此，墙体上平均应力的变化可以表示为

$$\Delta\sigma^{(w)} = \frac{k_{\text{n}}^{(w)} N_{\text{c}} \dot{u}^{(w)} \Delta t}{A} \qquad (7\text{-}19)$$

其中，A 是墙体面积。对于稳态情况，墙体应力变化的绝对值应当小于测量的轴向应力与设定轴向应力的差值的绝对值，用一个应力释放因子 α 来描述这种稳态：

$$\left|\Delta\sigma^{(w)}\right| < \alpha\left|\Delta\sigma\right| \qquad (7\text{-}20)$$

将方程（7-8）和方程（7-10）代入方程（7-11），得

$$\frac{k_{\text{n}}^{(w)} N_{\text{c}} G\left|\Delta\sigma\right| \Delta t}{A} < \alpha\left|\Delta\sigma\right| \qquad (7\text{-}21)$$

则算过程中循环提取的参数 G 可以表示为

$$G = \frac{\alpha A}{k_{\text{n}}^{(w)} N_{\text{c}} \Delta t} \qquad (7\text{-}22)$$

在每个时间步运行之前，提取上述的参数 G，确定一个速度并将该速度赋予墙体，墙体在此时间步内移动一定的距离；再提取参数 G，确定速度并赋予墙体，如此循环下去，直到轴向应力达到实验的设定取值。在推动剪切盒运行直剪的过程中，只要伺服的控制开关处于开启的状态，在直剪的过程中同样也会不断提取 G 的取值，对上面墙体施加一定的速度，以保证轴向应力的恒定。

7.2.4　直剪实验数值模拟结果分析

待模型轴向应力达到设定值后，以恒定的速度推动剪切盒，直到试样破坏。颗粒离散元法是以牛顿第二定律动态求解为基础，时间步 Δt 在计算循环中应当无限小，以确定在每个时间步内模型中任意一个颗粒单元都是处于静力平衡状态。剪切盒的速度设定为 0.2mm/s，虽然这个速度在现实中比较大，但在颗粒离散元法的计算中，1mm 相当于以 6.777^{-6}mm/s 的速度运行 10^5 步。

1. 随机球形颗粒模型的模拟结果分析

图 7-26 是 JP1 砂卵石土失效前、后的模型。图 7-27 是 JP1 砂卵石土在 4 个不同轴压下的剪切应力与剪切位移的关系曲线。从图 7-27 中可以看出，数值模拟得到的砂卵石土抗剪强度初始的变化趋势与实验结果一致，但抗剪强度相对于实验值偏低，尽管对细观参数进行了一定的调节，但对于克服这种缺陷的收获不大。另外 3 种级配砂卵石土的数值模拟也得到同样的结果。国内外学者对岩石[7-9]和粗粒土[4]的研究表明，在三轴数值模拟中使用球形颗粒得到的抗剪强度一直低于实验值，这是传统的球形颗粒不能克服的缺陷。也有一部分学者通过修改颗粒大小、性质和分布，得到与实验相符的结果[10]，但模拟中的摩擦系数最大取到了 0.8，这与实际不太相符，也不能准确反映摩擦力对土体强度的贡献。

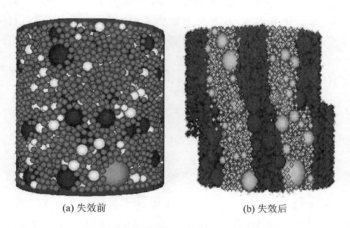

(a) 失效前　　　　　　　　　　(b) 失效后

图 7-26　JP1 砂卵石土剪切失效前后

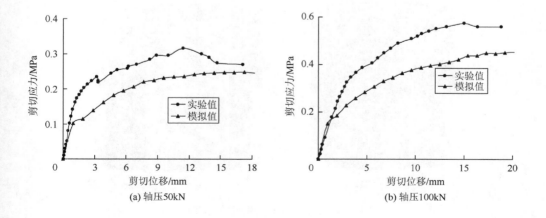

(a) 轴压50kN　　　　　　　　　　(b) 轴压100kN

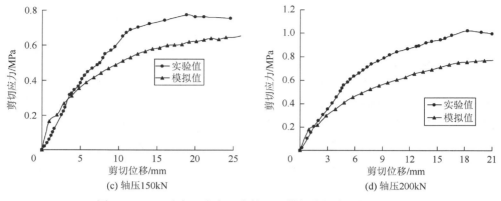

(c) 轴压150kN　　　　　　　　　　　　(d) 轴压200kN

图 7-27　JP1 砂卵石土在 4 个轴压下模拟值与实验值的对比

　　抗剪切的机械咬合力[11]，如图 7-28 所示。从表 7-2 中所得的实验数据可以看出，四组级配砂卵石土都具有一定的黏聚力，然而砂卵石土是散粒体，由此可以推断砂卵石土的黏聚力大部分是来自于剪切面上颗粒之间的机械咬合力。

图 7-28　剪切面示意图

2. 随机多面体颗粒模型的模拟结果分析

　　图 7-29～图 7-32 是四种级配砂卵石土剪切失效前后的模型。图 7-33～图 7-36 是四种级配砂卵石土在四个不同轴压下的数值模拟结果与实验值的对比。

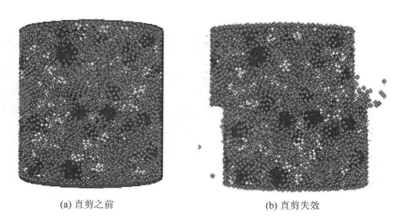

(a) 直剪之前　　　　　　　　　　　　(b) 直剪失效

图 7-29　JP1 砂卵石土失效前后的对比

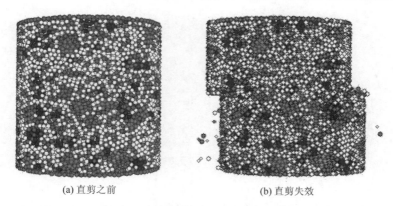

(a) 直剪之前　　　　　　　　　　(b) 直剪失效

图 7-30　JP2 砂卵石土失效前后的对比

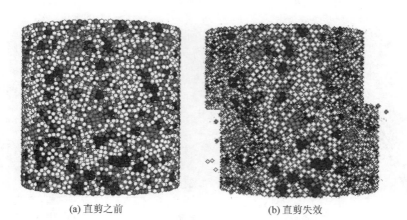

(a) 直剪之前　　　　　　　　　　(b) 直剪失效

图 7-31　JP3 砂卵石土失效前后的对比

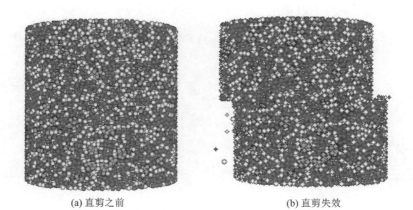

(a) 直剪之前　　　　　　　　　　(b) 直剪失效

图 7-32　JP4 砂卵石土失效前后的对比

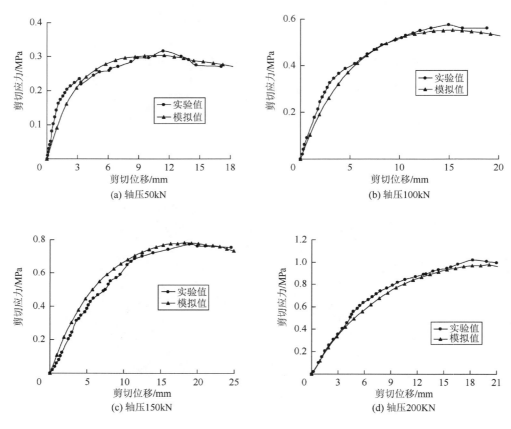

图 7-33　JP1 砂卵石土在 4 个轴压下模拟值与实验值的对比

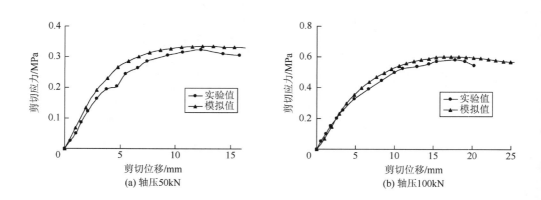

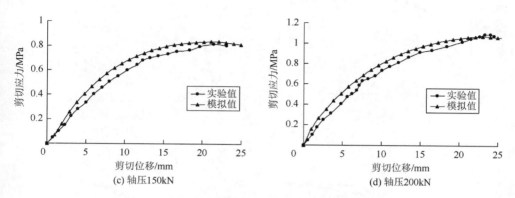

(c) 轴压150kN　　　　　　　　　　　　(d) 轴压200kN

图 7-34　JP2 砂卵石土在 4 个轴压下模拟值与实验值的对比

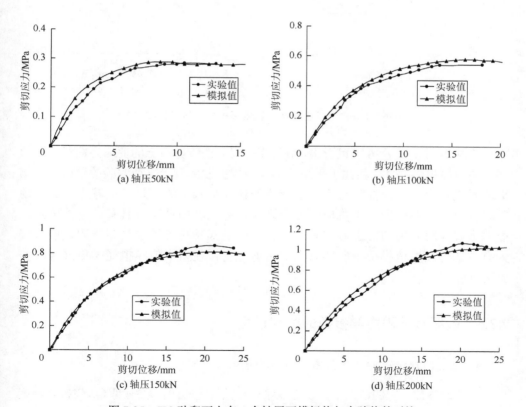

(a) 轴压50kN　　　　　　　　　　　　(b) 轴压100kN

(c) 轴压150kN　　　　　　　　　　　　(d) 轴压200kN

图 7-35　JP3 砂卵石土在 4 个轴压下模拟值与实验值的对比

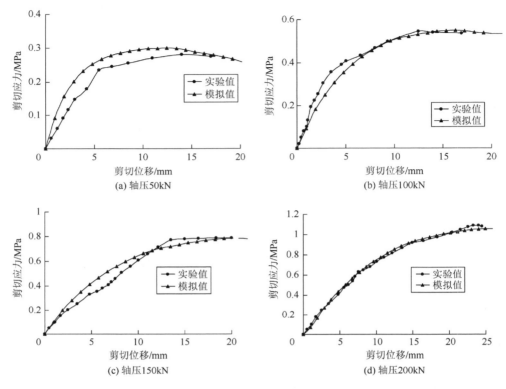

图 7-36　JP4 砂卵石土在 4 个轴压下模拟值与实验值的对比

　　从图 7-33～图 7-36 可以看出，数值模拟得到的砂卵石土的剪应力曲线和实验得到的曲线相当吻合。相比于采用球形颗粒模拟砂卵石土直剪实验的数值模拟结果，不难看出，多面体颗粒克服了球形颗粒在形状上的不足，能够更为真实地反映颗粒形状对砂卵石土抗剪强度的影响；并且多面体颗粒具有一定的棱角，能够更好地反映剪切面上砂卵石土颗粒之间的那种相互镶嵌交错排列，能够较为有效地提高数值模拟中砂卵石土的抗剪强度，使得数值模拟能够更好地与实验进行匹配。

7.2.5　砂卵石细观力学参数的标定过程

1. 接触刚度对砂卵石土抗剪强度的影响

　　在其余参数一定的情况下，改变砂卵石土颗粒之间的接触刚度（法向接触刚度 k_n），得到不同接触刚度下砂卵石土抗剪强度的变化情况，如图 7-37 所示。从图 7-37 中可以看出，随着接触刚度的增加，材料表现出来的宏观切向模量变大，峰值抗剪强度也增高，砂卵石土剪切破坏时的轴向应变减小，峰值强度之后抗剪强度的衰减也加快。随着颗粒之间的接触刚度的增大，在外荷载作用下，颗粒之间的压缩和相互重叠逐渐转变为颗粒之间的切向滑移，材料表现出来的宏观剪缩现象逐渐转变为宏观剪涨现象。接触刚度体现的是砂卵石土颗粒岩性的性质，较大的接触刚度表示砂卵石土颗粒的岩性较大，岩性较大的颗粒在直剪实验中表现出的是剪涨现象；反之，则表现出剪缩的现象。

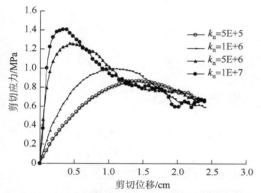

图 7-37　颗粒接触刚度对抗剪强度的影响规律　　图 7-38　颗粒摩擦系数对抗剪强度的影响规律

2. 摩擦系数对砂卵石土抗剪强度的影响

其他参数不变，不同摩擦系数 (f) 下砂卵石土剪切应力与剪切位移的关系曲线见图 7-38。由图 7-38 可以看出，摩擦系数越大，颗粒之间的相互作用力就越强，材料反映出来的宏观抗剪强度越高，剪切失效后抗剪强度的衰减也越快。但相对于颗粒之间的接触刚度而言，摩擦系数对材料宏观的初始切向模量的影响较小。

3. 刚度比对砂卵石土抗剪强度的影响

颗粒的刚度比即颗粒法向刚度 (k_n) 与切向刚度 (k_s) 的比值，体现的是材料宏观特性泊松比的性质，不同刚度比下砂卵石土抗剪强度随剪切位移的变化关系见图 7-39。从图 7-39 中可以看出，随着泊松比的增加，材料反映出来的宏观抗剪强度有一定程度的减小。但是相比于摩擦系数和接触刚度对材料宏观力学性质的影响，刚度比的影响相当小。

4. 砂卵石土细观参数的选取

为了获取砂卵石土细观力学参数，需要不断改变数值模型中颗粒细观力学参数的取值，直到数值模拟出的应力-应变曲线与实际宏观的应力-应变相符，此时

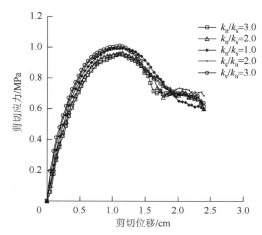

图 7-39　颗粒刚度比对抗剪强度的影响规律

细观参数的取值才适合于该类材料，该组细观参数才能应用到模拟该类材料的更复杂情形中去。

　　对于颗粒流模拟土工问题，常用的参数标定方法是三轴实验和直剪实验。此次采用直剪实验来标定砂卵石土的细观力学参数，结合上述细观力学参数对材料宏观抗剪强度的影响规律，反复调整细观力学参数的取值，直到数值模拟得到的剪切应力-剪切位移曲线能与砂卵石土直剪实验得到的剪切应力-剪切位移曲线吻合（图 7-33～图 7-36）。根据孔隙比的定义，孔隙比表征的是模型中空隙的体积与模型总体积的比值，根据直剪实验掺料的量，计算得出四种级配砂卵石土之间实验中孔隙比的值为 0.35。砂卵石土细观力学参数的取值见表 7-4。

表 7-4　砂卵石土细观力学参数取值

参数	$\rho/(kg/m^3)$	E_c/MPa	k_n/k_s	μ	N
取值	2650	62.5	2.5	0.40	0.35

　　由于砂卵石土中粗细颗粒分布的随机性和离散性，使得剪切面非常不规则，在计算强度参数时，应当采用平均滑动面作为计算滑动面[12, 13]；其次，在直剪过程中，剪切面的面积是不断缩小的，因此必须对剪切面的取值进行进一步的优化。通过对剪切面面积取值的不断优化，书中以最初剪切面面积与最终剪切面面积的平均值，作为计算剪切面的取值。

　　颗粒离散元法中的球形颗粒单元都是刚性颗粒，在外力作用下是不会变形或者破坏的，因此在砂卵石土直剪实验数值模拟中，颗粒破碎这一部分被忽略掉了。油新华等[14]对土石混合土野外水平推剪实验研究表明，剪切破坏面依据剪切强度的不同，可以直接剪断相邻的较小石块，也可以绕过较大的石块。在真实的室内直剪实验中，处于剪切面上相互镶嵌交错排列的砂卵石土颗粒，在剪切的过程中可能会被剪坏成两半或者更多（图 7-40），因此通过室内直剪实验获得的剪切应力与剪切位移曲线存在不同程度的波动性，与数值模拟得到的曲线相比非常不光滑。

图 7-40　直剪实验中被剪坏的砂卵石土

　　根据同种级配砂卵石土在 4 个不同轴压下的抗剪特性，绘制出 4 种级配砂卵石土的 τ-σ 关系曲线，如图 7-41～图 7-44 所示。

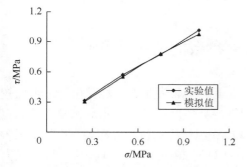

图 7-41　JP1 的 τ-σ 关系曲线

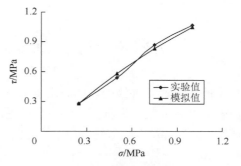

图 7-42　JP2 的 τ-σ 关系曲线

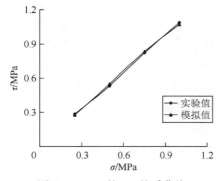

图 7-43　JP3 的 τ-σ 关系曲线

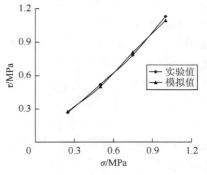

图 7-44　JP4 的 τ-σ 关系曲线

　　数值模拟得到的 4 种级配砂卵石土的抗剪指标列于表 7-5。由上述分析可知，多面体颗粒能够克服球形颗粒的不足，能较好地反映出砂卵石土颗粒的不规则性，并且能够更真实地反映颗粒交错镶嵌排列产生的机械咬合力[11]，数值模拟得到的剪切应力与剪切位移的关系曲线与实验得到的曲线能够较为准确的匹配。从表 7-5 中的数据可以看出，数值模拟得到的 4 种级配砂卵石土的抗剪特性与实验结果较为接近，进一步说明多面体颗粒的使用能较好地反映出砂卵石土的抗剪特性。

表 7-5　砂卵石土抗剪特性（模拟值与实验值的对比）

类别	C/MPa		φ/(°)	
	实验值	模拟值	实验值	模拟值
JP1	0.0942	0.0922	42.2	42
JP2	0.0018	0.0088	46	46.2
JP3	0.0078	0.0688	46.8	46.85
JP4	0.0077	0.0102	49	49.2

7.3　砂卵石土细观力学参数的适用性验证

　　前文通过 4 种级配砂卵石土直剪实验与数值模拟的结合，标定出了一组比较适合的细观参数。为验证这组参数的适用性，另外设计了 3 组相对比较简单的直剪实验。3 组砂卵石土采用均匀粒径的颗粒，3 组试样的粒径分布如下：第 1 组为 10～20mm 的均匀砂卵石土（简称 JP5）；第 2 组为 20～30mm 的均匀砂卵石土（简称 JP6）；第 3 组为 10～20mm 与 20～30mm 两种粒径范围的砂卵石土的组合（简称 JP7），其中两种粒径范围的砂卵石土的质量比为 2：5。通过对 3 组砂卵石土试样进行直剪实验，并采用上述多面体颗粒模型的方法对 3 组试样的直剪实验进行数值模拟，砂卵石土细观力学参数采用上述标定的一组，见表 7-6。数值模拟结果与实验结果的对比见图 7-45～图 7-47。从图中可以看出，表 7-6 中标定的一组细观力学参数对给定的 3 组砂卵石土也同样适用，这 3 组砂卵石土试样是为了简化集料的配合比与配料而定的，可以说是具有一定意义上的任意性。由此可见，表 7-4 中给定的细观参数对任意的砂卵石土都具有较强的适用性。从表 7-4 中砂卵石土抗剪指标的对比中也可以得出相同的结论，即表 7-4 中砂卵石土细观力学参数的选取是合理的、有效的。

表 7-6　砂卵石土抗剪指标的对比

类别	C/MPa		φ/(°)	
	实验值	模拟值	实验值	模拟值
JP5	0.056	0.0519	39.54	39.02
JP6	0.0278	0.082	44.4	44
JP7	0.057	0.0891	40.04	40.84

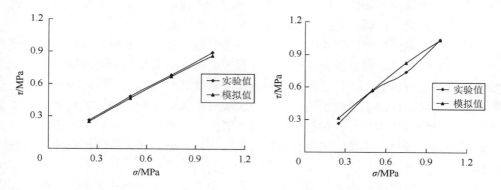

图 7-45　JP5 的 τ-σ 曲线对比　　　　图 7-46　JP6 的 τ-σ 曲线对比

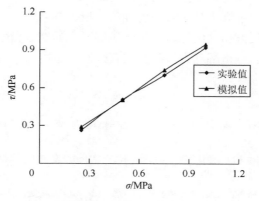

图 7-47　JP7 的 τ-σ 曲线对比

7.4　本 章 小 结

砂卵石土中粗集料的相对含量对砂卵石土的抗剪强度影响较大，粗集料的相对含量越大，砂卵石土的粗糙程度越大，内摩擦角越大。

卵石埋置于混凝土中的拉拔实验中，通常有骨料断裂、界面破坏及砂浆＋界面破坏三种破坏模式，通常未加入外加剂的普通混凝土中，界面过渡区宏观黏结强度约为混凝土抗拉强度的 1/3，骨料粒径与混凝土强度对界面黏结强度有一定的影响。

通过对传统的随机球形颗粒模型和随机多面体颗粒模型模拟砂卵石土直剪实验的结果进行对比分析可知，球形颗粒与实际土石颗粒形状上相差甚远，多面体颗粒模型克服了传统球形颗粒模型的不足，能够有效提高颗粒流模型的抗剪强度，并且多面体颗粒与实际的砂卵石土颗粒在形状上更接近，更能真实地反映砂卵石土抗剪强度的来源：颗粒之间的摩擦和颗粒之间的机械咬合力。

砂卵石土细观参数的敏感性分析表明：接触刚度体现的是土石颗粒岩性的指标，接触刚度越大，颗粒的岩性越高，材料表现出来的宏观初始切向模量越大，峰值抗剪强度也越高，颗粒之间的压缩和相互重叠组件转变为颗粒之间的切向滑移，材料表现出来的宏观剪缩现象逐渐向宏观剪涨现象转变；颗粒的摩擦系数体现的是材料的塑性指标，只对材料的峰值抗剪强度影响较大，对材料的初始切向模量影响相对较小；颗粒的刚度比对材料的初始切向模量和抗剪峰值强度的影响较弱。

由于在直剪的过程中剪切面面积是逐渐减小的，剪切面也并非平面，故数值模拟中对剪切面的取值做了一定的修正，即剪切面的取值为直剪前模型的横截面面积与剪切失效后平均滑动面面积的平均值。

通过对砂卵石土细观力学参数敏感性的分析，并结合砂卵石土直剪实验和直剪实验数值模拟，反演出一组比较适用于砂卵石土的细观力学参数，并通过增设实验的方法，验证了该组细观力学参数的有效性、适用性。

参 考 文 献

[1] Cundall P A, Strack O D L. A discrete numericalmethod for granular assemblies[J]. Geotechnique, 1979, 29 (1): 47-65.

[2] 贾学明, 柴贺军, 郑颖人. 土石混合料大型直剪实验的颗粒离散元细观力学模拟研究[A]. 岩土力学, 2010, 31 (9): 2695-2703.

[3] 李世海, 汪远年. 三维离散元土石混合体随机计算模型及单向加载实验数值模拟[J]. 岩土工程学报, 2004, 26 (2): 172-177.

[4] 耿丽, 黄志强, 苗语. 粗粒土三轴实验的细观模拟[J]. 土木工程与管理学报, 2011, 28 (4): 24-29.

[5] 贾革续. 粗粒土工程特性的实验研究[D]. 大连: 大连理工大学, 2003.

[6] 罗勇. 三维离散颗粒单元模拟无黏性土的工程力学性质[J]. 岩土工程学报, 2008, 30 (2): 292-297.

[7] Potyondy D O, Cundall P A. A bonded-particle model for rock[J]. International Journal of Rock Mechanics and Mining Sciences, 2004, 41 (8): 1329-1364.

[8] Cho N, Martin C D, Sego D C. A clumped particle model for rock[J]. International Journal of Rock Mechanics and Mining Sciences, 2007, 44 (7): 997-1010.

[9]　Hoek E，Brown E T. Practical estimates of rock mass strength[J]. International Journal of Rock Mechanics and Mining Sciences，1998，34（8）：1165-1186.

[10]　周健，池毓蔚，池永，等. 砂土双轴实验的颗粒流模拟[J]. 岩土工程学报，2000，22（6）：701-704.

[11]　陈希哲. 粗粒土的强度与咬合力的实验研究[J]. 工程力学，1994，11（4）：56-63.

[12]　徐文杰，胡瑞林，谭儒蛟，等.虎跳峡龙蟠右岸土石混合体野外实验研究[J]. 岩石力学与工程学报，2006，25（6）：1270-1277.

[13]　徐文杰，胡瑞林，岳中崎，等. 土石混合体细观结构及力学特性数值模拟研究[J]. 岩石力学与工程学报，2007，26（2）：300-311.

[14]　油新华，汤劲松. 土石混合体野外水平推剪实验研究[J]. 岩石力学与工程学报，2002，21（10）：1537-1540.

第 8 章　基于离散元法砂卵石土侵彻效应分析

土的动力作用按照作用类型的不同可以分为：冲击作用和循环作用。

循环作用下土体强度的研究源于土体抗剪强度的研究，粗粒土的动三轴实验就是典型的循环作用类型，前人通过粗粒土动三轴实验，研究了粗粒土动强度以及其影响因素[1, 2]。

冲击荷载作用下土体的研究起源于第二次世界大战后期，爆炸冲击波对岩土工程的破坏引起了学者们的注意。哈佛大学工程研究生院选择"加载时间"作为标志冲击加载速率的变量，研究了"加载时间"对土体强度的影响；其后，麻省理工学院土木工程系土力学实验室以"应变速率"作为标志材料在冲击作用下变形的变量，研究了"应变速率"对土体强度的影响[3]。Forrestal 等[4-6]对弹体侵彻土体进行了实验研究，以验证其推导的侵深公式的正确性。Bakulin等[7]对非刚性圆锥形壳体侵彻土体进行了实验研究。Carter 等[8]采用有限元法对固体材料侵彻土层进行了数值模拟研究，并与实验结果进行了验证及对比分析。

国内学者对土体冲击方面的研究大都基于其在粗粒土工程中的应用，即土体的加固（强夯法）[9-12]、土体的压实（冲击压实技术）[13-16]和土体压实度的检测（落锤弯沉仪检测技术）[17-19]，对粗粒土在弹体侵彻下的研究尚且较少。尤其是粗粒土中颗粒分布的随机性以及不均匀性，对弹体弹道的偏转、侵彻深度和毁伤效果都是不可以忽略的。

8.1　离散元法侵彻模型和算法的有效性验证

8.1.1　Hanchak 侵彻实验简介

Hanchak 等[20]对混凝土单轴抗压强度为 48MPa 和 140MPa 的钢筋混凝土靶板分别进行了侵彻实验，得到了弹体以不同速度撞击靶板后的剩余速度和靶板最终的破坏形式。第 3 章对其实验概况进行了详细的介绍，实验中用到的靶板和弹体的几何尺寸如图 3-16 和图 3-17 所示。本书参考单轴抗压强度为 48MPa 的钢筋混凝土靶板的侵彻实验，对侵彻模型进行校正。

8.1.2　离散元法中混凝土细观参数的取值

混凝土细观力学参数的标定和砂卵石土有一定的相似性，也是通过数值模拟与实验值进行匹配，从而确定细观参数的合理取值。根据规范规定，单轴抗压强度为 48MPa 的混凝土，弹性模量近似为 34GPa，泊松比为 0.2，抗拉强度大约为 5MPa。根据混凝土已知的一些宏观力学参数，通过模拟混凝土的单轴抗压和抗拉，得到相对应的混凝土强度，此时模型中的细观参数取值即为混凝土离散元法中的细观力学参数取值。

PFC 颗粒离散元法中通过设置颗粒之间的黏结属性（接触黏结模型和平行黏结模型）可以模拟不同性质的复合材料。需要模拟的对象是混凝土，选择平行黏结模型是最合适的，平行黏结可以考虑成两个颗粒之间的胶结，当最大应力超过了平行黏结的最大黏结力，平行黏结键断裂，这运用了简单的弹脆性理论。

混凝土细观力学参数的取值可以通过混凝土单轴压缩和劈拉实验的数值仿真获取，文献[21]对混凝土细观力学参数的标定过程做了详细的介绍。通过模拟混凝土的三轴实验，测试混凝土的弹性模量和泊松比，从而标定混凝土细观力学参数中的弹性

混凝土动三轴实验数值模型如图 8-1 所示，模型高 300mm、直径 150mm，模型中颗粒粒径为 0.005～0.01m，后文中混凝土的数值模拟中均为此粒径。通过设定上板的速度，尽可能在弹性范围内加载/卸载，得到偏应力与轴向应变的关系曲线（图 8-2）、体积应变与轴向应变的关系（图 8-3）。

图 8-1　三轴实验的模型

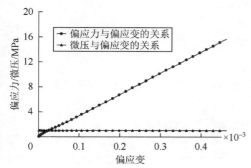

图 8-2　偏应力与轴向应变的关系曲线

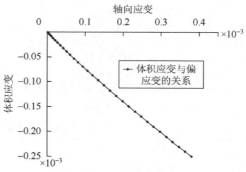

图 8-3　体积应变与轴向应变的关系曲线

通过模拟混凝土单轴抗压和巴西劈裂实验，不断调整细观参数的取值，直到强度达到混凝土的抗压/抗拉强度，从而标定混凝土细观力学参数中的强度参数，混凝土试样的数值模型如图 8-4（高 300mm、直径 150mm）、图 8-5（直径 100mm、厚度 60mm）所示。数值模拟得到的混凝土单轴抗压/抗拉强度的变化曲线如图 8-6、图 8-7 所示。

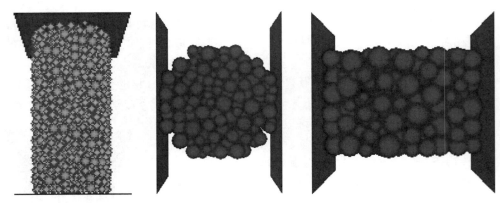

图 8-4　单轴压缩实验模型　　　　　图 8-5　巴西劈裂实验模型

通过对混凝土弹性性质和强度性质进行一定的数值模拟，从而标定出混凝土离散元法中的细观力学参数，见表 8-1。

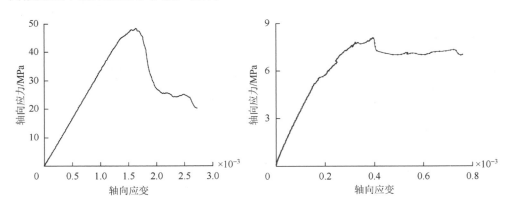

图 8-6　轴向应力与轴向应变的关系曲线　　　图 8-7　轴向应力与轴向应变的关系曲线

表 8-1　离散元法中混凝土细观力学参数取值

离散元模型局部参数	取值
平行键法向刚度 pb_k_n/(Pa/m)	3.98×10^{10}
平行键刚度比 pb_k_n/pb_k_s	5

续表

离散元模型局部参数	取值
平行键法向强度 *pb_nstrength*/MPa	150
平行键切向强度 *pb_sstrength*/MPa	50
局部阻尼系数 α	0.05
摩擦系数 μ	0.3
密度 ρ/(kg/m^3)	2500

8.1.3 Hanchak 侵彻混凝土靶板颗粒离散元法分析

由于进行 Hanchak 侵彻实验时弹头冲击靶板正中央不接触钢筋，弹体侵彻后的残余速度受钢筋影响很小[22]，所以建立的靶板数值模型中没有考虑钢筋的作用。根据 Hanchak 侵彻实验中混凝土靶板和弹体的尺寸，靶板和弹体的离散元模型如图 8-8 所示。

图 8-8　混凝土靶板和弹体的离散元模型

弹体最初位于混凝土靶板的正上方（图 8-9），以一定的初速度侵彻混凝土靶板，出靶后的情况见图 8-10。图 8-11 和图 8-12 是弹体以 749m/s 的初始速度侵彻混凝土靶板时，弹体的速度和加速度时程曲线以及同 ANSYS 软件的模拟结果的对比。

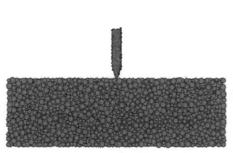

图 8-9　弹体的初始位置

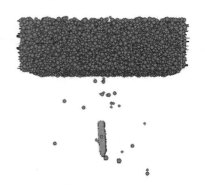

图 8-10　弹体侵彻靶板时的情形

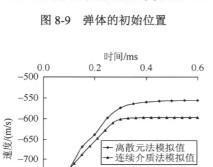

图 8-11　弹体的速度时程曲线

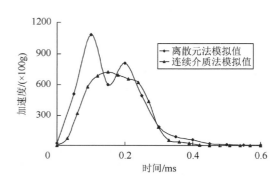

图 8-12　弹体的加速度时程曲线

　　弹体以不同初始速度侵彻混凝土靶板的剩余速度列于表 8-2。从表 8-2 中的数据分析可知，数值模拟的结果和实验结果的相对误差都在 15% 以内，离散元法的结果与连续介质力学方法的计算结果在弹体速度较高时，误差相对较大。由此可以看出，应用离散元法模拟动态侵彻过程中的算法以及处理方式是合理的，这种方法可以推广到散体材料的砂卵石土的动态侵彻分析中去。

表 8-2　弹体的剩余速度及偏转角

初始速度/(m/s)	剩余速度/(m/s)			偏转角/(°)
	实验值	离散元法模拟值	连续介质法模拟值	离散元法（x/y）
360	67	58.08	56.8	11.86/3.23
381	136	116.6	125.1	12.5/0.96
434	214	218.7	203.9	6.97/0.54
606	449	427.7	424.5	1.4/1.02
749	615	556.6	582.7	2.98/2.08
1058	947	840.4	904.5	2.76/0.63

8.2　砂卵石土侵彻实验

8.2.1　砂卵石土级配

设计两种级配的砂卵石土靶体试件，其中粒径 5～60mm 的石料采用卵石，粒径小于 5mm 的为河砂，并且控制材料的含泥量，对所有材料进行淘洗。按照表 8-3 所列质量百分比进行控制，通过筛分实验制得所需级配的两组砂卵石材料。

表 8-3　试件级配表

编号	通过筛孔的质量百分比/%									
	60	50	40	30	20	10	5	2	0.5	0.075
JP2	—	100	90～100	—	65～85	45～70	30～55	15～35	10～24	4～10
JP4	—	—	100	—	85～100	60～80	30～50	15～30	10～20	2～8

8.2.2　靶体边界设计

采用 1mm 厚的铝制材料作为外框面板，四周采用四个角钢（宽 50mm、厚 3mm）组成整体框架。铝板采用工业铝板 1080 制作，弹性模量为 70GPa，抗拉强度为 100MPa，屈服强度为 20～90MPa，伸长率为 11%～25%，温度为 20℃时密度为 2.7g/cm³。由于铝板较薄，板面尺寸较大，内填砂卵石时铝板会发生鼓曲，因此在高度方向设置两道加劲钢条（宽 50mm，厚 3mm），顶部不封闭，形成一个顶部为自由状态的立方体盒子，见图 8-13。

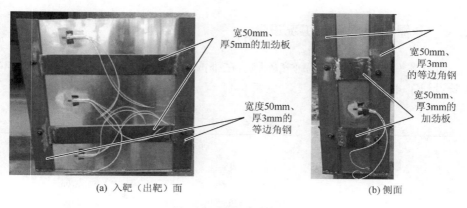

(a) 入靶（出靶）面　　　　　　　　　　　(b) 侧面

图 8-13　靶板框架构造

8.2.3 试件尺寸设计

设计两组靶板,两组靶板尺寸均为长 670mm、高 400mm、厚 150mm(图 8-14)。为了去除铝制面板对子弹能量的消耗,在炮弹入靶面正中预留一个直径为 50mm 的圆孔,由于出靶位置未知,出靶面为整块铝板。

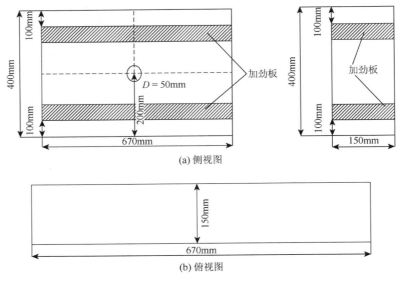

(a) 侧视图

(b) 俯视图

图 8-14 靶板尺寸

将筛分得到的两组级配砂卵石分别填入两组尺寸铝制空箱中,分 3 层依次填入,每填入一层即人工振动密实,填满铝箱并保证上表面大致平整。

8.2.4 砂卵石侵彻实验工况设计

本次实验的主要目的是研究砂卵石在强冲击荷载下的动力响应,为此,本次实验设计了 4 种工况,具体工况见表 8-4。

表 8-4 实验工况

尺寸	670mm×400mm×150mm	
级配	JP2	JP4
速度	370m/s	370m/s
	530m/s	530m/s

实验采用直径为 25mm、质量 230g 的 45#钢实心半球头弹（图 8-15）。砂卵石靶板正放置于靶体基座上，并使火炮轴线穿过靶板中心且与着靶面垂直。

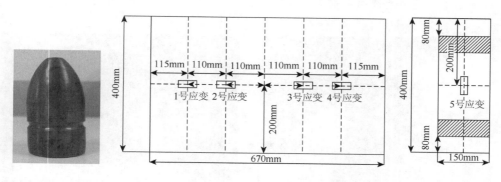

图 8-15　弹体　　　　　　　　　　　图 8-16　应变片布置图

在靶板背面水平中心线对称布置应变片 1～4 号，在侧面中心位置布置应变片 5 号，通过测量应变响应来反映冲击过程的影响范围。

8.2.5　实验结果

1. 砂卵石土实验破坏模式

JP2 砂卵石土靶板进行了 370m/s 和 530m/s 速度下的侵彻实验，弹从靶板背面中心位置处出靶，导致铝板呈花瓣状张开，形成矩形孔洞。在 370m/s 的速度下开孔尺寸为 36mm×56mm（面积为 2016mm²），如图 8-17（a）所示；在 530m/s 的

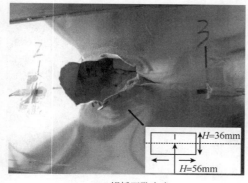

(a) 铝板开孔大小

(b) 砂卵石土质量损失情况

图 8-17　JP2、冲击速度为 370m/s

速度下开孔尺寸为 86mm×110mm（面积为 9460mm²），如图 8-18（a）所示；同时，在弹的冲击作用下砂卵石土在着靶预留孔处飞溅，沿着靶板背面矩形空洞形成喷射流，造成靶体质量损失，如图 8-17（b）和图 8-18（b）所示。

(a) 铝板开孔大小　　　　　　　　　　　　　　(b) 砂卵石土质量损失情况

图 8-18　JP2、冲击速度为 530m/s

　　JP4 砂卵石土靶板进行了 370m/s 和 530m/s 速度下的侵彻实验，弹从靶板背面中心位置处出靶，导致铝板呈花瓣状张开，形成矩形孔洞。在 370m/s 的速度下开孔尺寸为 41mm×42mm（面积为 1722mm²），如图 8-19（a）所示。在 530m/s 的速度下开孔尺寸为 77mm×100mm（面积为 7700mm²），如图 8-20（a）所示。开孔面积均小于 JP2 砂卵石土。同时，在弹的冲击作用下砂卵石土在着靶预留孔处形成飞溅，沿着靶板背面矩形空洞形成喷射流，造成靶体质量损失，如图 8-19（b）和图 8-20（b）所示。

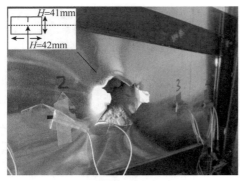

(a) 铝板开孔大小　　　　　　　　　　　　　　(b) 砂卵石土质量损失情况

图 8-19　JP4、冲击速度为 370m/s

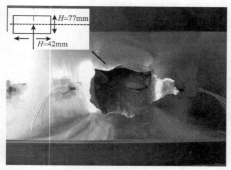
(a) 铝板开孔大小

(b) 砂卵石土质量损失情况

图 8-20　JP4、冲击速度为 530m/s

2. 砂卵石土实验应变响应

5 号应变响应为靶板侧面应变响应，在冲击速度为 370m/s 时，靶板侧面的应变响应可反映弹体进入靶板时对周围土体的挤压（侧面板受拉伸向外弯曲变形，板中心应变为正）和侵彻通道的坍塌及喷射流的形成（侧面板挤压作用消失，拉伸变形回复，在空气负压作用下内凹，板中心应变为负）。该过程持续时间约为 20ms。在冲击速度为 530m/s 时，在触发后 20ms 内靶板侧面的应变响应也可反映弹体的挤压和侵彻通道的坍塌及喷射流的形成，20ms 后由于卵石颗粒向上挤压运动及向侵彻中心的流动导致侧板中心的应变响应无明显规律。相应的时间应变响应曲线见图 8-21～图 8-26。

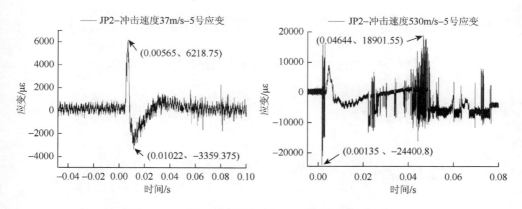

图 8-21　JP2 在不同冲击速度时靶板侧面的应变响应

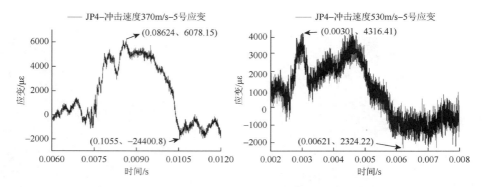

图 8-22　JP4 在不同冲击速度时靶板侧面的应变响应

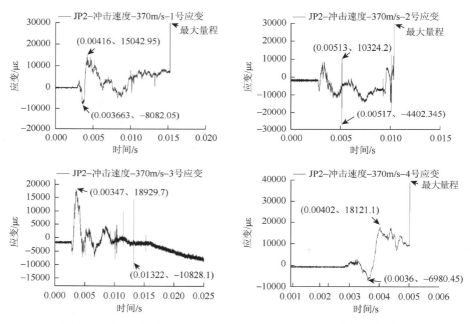

图 8-23　JP2、冲击速度为 370m/s 时靶板背面水平方向的应变响应

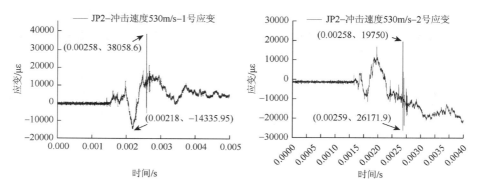

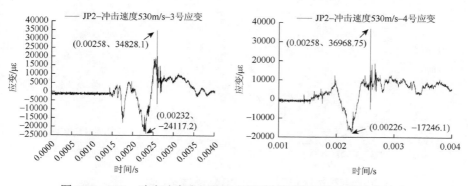

图 8-24　JP2、冲击速度为 530m/s 时靶板背面水平方向的应变响应

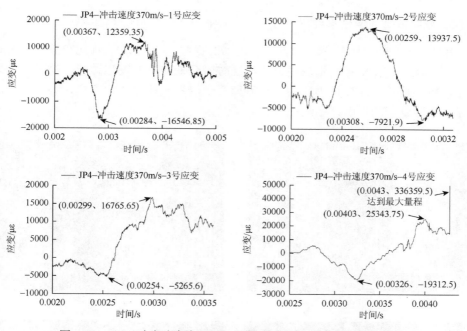

图 8-25　JP4、冲击速度为 370m/s 时靶板背面水平方向的应变响应

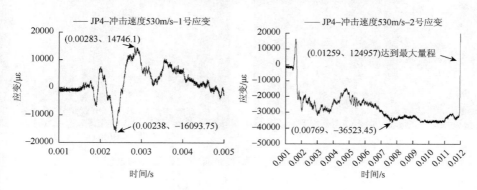

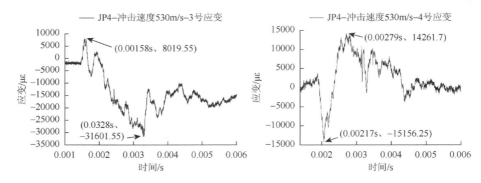

图 8-26　JP4、冲击速度为 530m/s 时靶板背面水平方向的应变响应

3. 砂卵石土实验侵彻过程

JP2、冲击速度为 370m/s 时，靶板侵彻过程中（图 8-27），首先在着靶预留孔出现飞溅现象，在出靶时形成喷射流，同时着靶处的飞溅过程继续，喷射流结束后在骨料颗粒重力及惯性力作用下，砂卵石土沿着开孔处继续流出，直至靶体内砂卵石土达到新的平衡，运动停止。

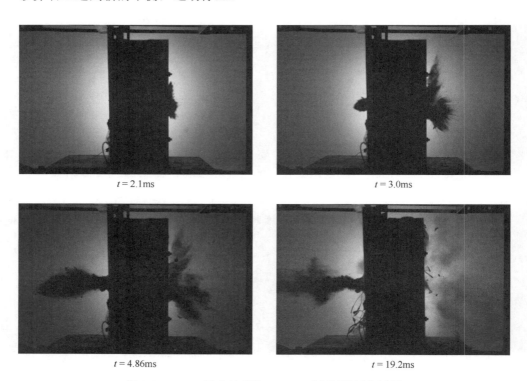

图 8-27　JP2、冲击速度为 370m/s 时靶板的侵彻过程

　　JP2、冲击速度为 530m/s 时，靶板侵彻过程中（图 8-28），首先在着靶预留孔出现飞溅现象，在出靶时形成喷射流，喷射流量明显大于冲击速度为 370m/s 时的情况；同时，着靶处的飞溅过程继续，喷射流结束后伴随着顶部砂卵石土的溢出，在骨料颗粒重力及惯性力作用下，砂卵石土沿着开孔处继续流出，直至靶体内砂卵石土达到新的平衡，运动停止。

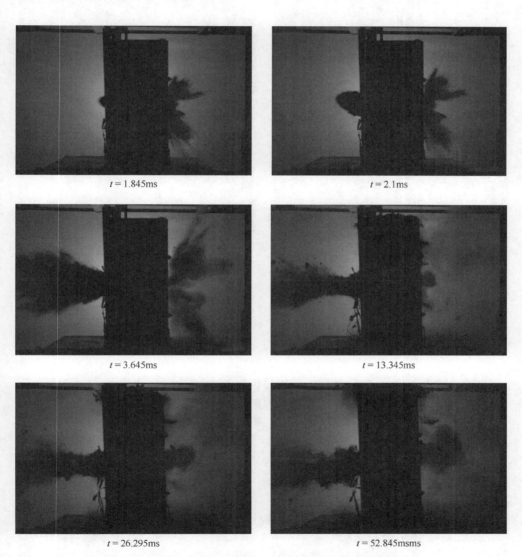

$t = 1.845\text{ms}$	$t = 2.1\text{ms}$
$t = 3.645\text{ms}$	$t = 13.345\text{ms}$
$t = 26.295\text{ms}$	$t = 52.845\text{msms}$

图 8-28　JP2、冲击速度为 530m/s 时靶板侵的彻过程

　　JP4、冲击速度为 370m/s 时，靶板侵彻过程中（图 8-29），首先在着靶预留孔

出现飞溅现象，但飞溅量小于 JP2、冲击速度为 370m/s 时的飞溅量。在出靶时形成喷射流，同时着靶处的飞溅过程继续，喷射流结束后在骨料颗粒重力及惯性力作用下，砂卵石土沿着开孔处继续流出，直至靶体内砂卵石土达到新的平衡，运动停止。

$t = 2.44m$　　　　　　　　　　　　　　　$t = 3.64ms$

$t = 7.14ms$　　　　　　　　　　　　　　　$t = 16.04ms$

图 8-29　JP4、冲击速度为 370m/s 时靶板的侵彻过程

　　JP4、冲击速度为 530m/s 时，靶板侵彻过程中（图 8-30），首先在着靶预留孔出现飞溅现象，在出靶时形成喷射流，喷射流量明显大于冲击速度为 370m/s 时的

$t = 1.703ms$　　　　　　　　　　　　　　$t = 2.353ms$

$t = 22.603$ms $t = 48.203$ms

图 8-30   JP4、冲击速度为 530m/s 时靶板的侵彻过程

情况；同时，着靶处的飞溅过程继续，喷射流结束后伴随着顶部砂卵石土的溢出，在骨料颗粒重力及惯性力作用下，砂卵石土沿着开孔处继续流出，直至靶体内砂卵石土达到新的平衡，运动停止。

4. 弹体的剩余速度

由侵彻过程图片可知，喷射流与弹体的弹道重合，无法明确区分弹体的运动轨迹，导致剩余速度无法测量。

8.3   砂卵石土侵彻数值模拟分析

8.3.1   砂卵石土侵彻数值模型的建立

由于砂卵石土属于散体材料，在侵彻过程中不像混凝土那样容易成形，所以必须将松散的砂卵石土固定起来，以便弹体的侵彻。在颗粒离散元法中，通过建立 6 面墙体，从而形成一个立方体的盒子（图 8-31），将此盒子作为砂卵石土的固定边界。

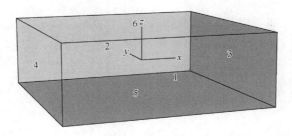

图 8-31   立方体盒子

将砂卵石土放置于该立方体盒子中，以便砂卵石土侵彻模型的成形。考虑到砂卵石土在工程应用中是处于一定微压下工作的，而并非自然堆积，故可以在建立砂卵石土侵彻模型的时候，通过控制墙体的相对运动，使得模型达到设定的微压，图 8-32 是考虑一定级配的砂卵石土侵彻模型（坐标原点位于模型的几何中心）。

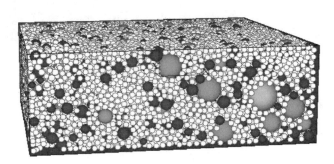

图 8-32　砂卵石土侵彻模型

然而，颗粒离散元法中建立的墙体是完全刚性的，在外力作用下完全不变形，也不会运动，即牛顿第二定律只对内部颗粒适用，对墙体不起作用。墙体的运动需要用户自己定义。在这种情况下，弹体无法对砂卵石土进行侵彻数值模拟分析。考虑到等效代换的思想，就是将弹体侵彻正对面的一面墙删掉，然后用如图 8-33 中的 4 面墙体来代替原始墙体对颗粒的约束。此方法解决了弹体不能打入砂卵石土的问题，同时也可以根据弹体的直径，预留 4 面墙体中方形孔的大小；弹体穿出的那一面墙体也做同样的处理，不过考虑到弹体的偏转，背面预留方孔的边长应比入射面稍大。数值模拟中砂卵石土模型的尺寸为 400mm×400mm×150mm，弹体的直径为 25mm，所以将入射面的方孔边长设定为 30mm，背面方孔的边长设定为 50mm，如图 8-34、图 8-35 所示。

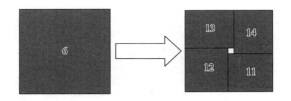

图 8-33　墙体的等效代换

数值模拟中用于侵彻砂卵石土的弹体直径为 25mm，长度为 143.7mm，尖卵形弹头满足 CRH = 3.0，如图 8-36 所示。

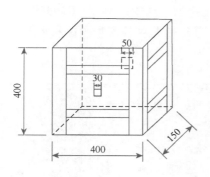

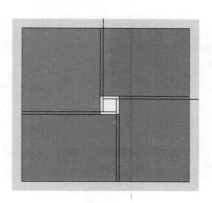

图 8-34　模型尺寸（单位：mm）　　　　　图 8-35　数值模型中的盒子

图 8-36　弹体的离散元模型

8.3.2　砂卵石土侵彻数值模拟分析

如图 8-37 所示，砂卵石土靶板的长宽均为 400mm，厚度为 150mm，为了模拟弹体横向穿靶的过程，即弹体沿着靶板的厚度方向穿靶，故重力加速度的方向设置在 x 轴的正方向（坐标原点及坐标系见图 8-34），其中砂卵石土细观力学参数的取值来自直剪实验，即表 3-2。

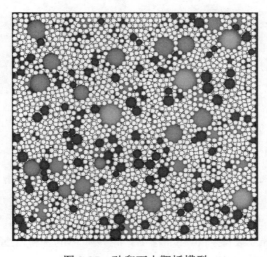

图 8-37　砂卵石土靶板模型

图 8-38 是考虑一定级配的砂卵石土在微压为 0.1MPa 的情况下,弹体以 50m/s 的初始速度侵彻砂卵石土靶板的初始位置,图 8-39 是弹体侵彻砂卵石土靶板时的情形。

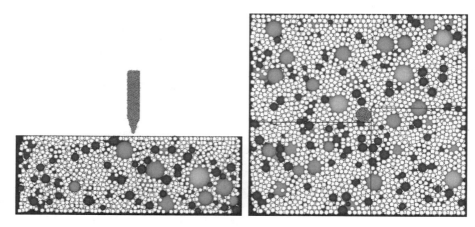

图 8-38　弹体侵彻时的初始位置（侧视/正视）

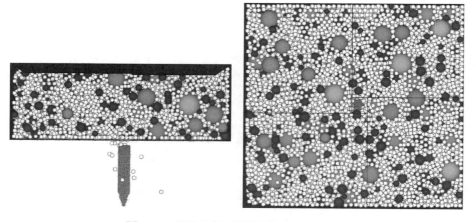

图 8-39　弹体出靶时的位置（侧视/正视）

1. 弹体的响应

弹体在侵彻砂卵石土靶板的过程中速度的衰减情况和运动方向受力的情况见图 8-40 和图 8-41。从图 8-40 和图 8-41 可以看出,弹体在侵彻砂卵石土靶板的过程中,受到砂卵石土的反作用力主要集中在第一个毫秒以内,在这段时间内弹体的速度瞬间从 500m/s 衰减到 50m/s 左右,此时弹体的头部已经穿出了靶板,此后弹体受到的阻力主要来源于弹体与砂卵石土之间的摩擦。

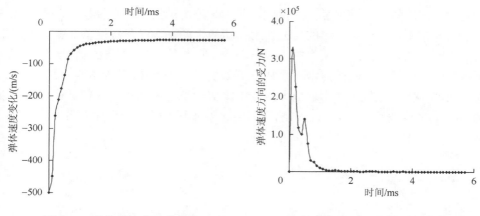

图 8-40　弹体的速度时程曲线　　　　　　图 8-41　弹体运动方向受力的变化

　　弹体完全出靶时的速度近似为 24m/s，然而从上述 Hanchak 侵彻混凝土靶板的实验研究中可以看出，弹体以 434m/s 的初始速度侵彻强度为 48MPa 的混凝土，弹体出靶的速度为 200m/s 左右。分析其原因，很可能是弹体在侵彻砂卵石土的过程中不同的弹径比（模型中最大颗粒粒径为 50mm，弹径为 25.4mm）所致，因为弹体打到粒径较大的颗粒时才可能出现这样的情况。

2. 墙体的响应

　　由于侵彻方向上的 2 面墙体被分别用 4 面墙体等效代换了，在侵彻过程中将不考虑其受力，剩余 4 面墙体与其对应的编号及坐标系如图 8-42 所示。通过监测 4 面墙体在弹体侵彻砂卵石土的过程中的受力情况，描绘出 4 面墙体受力随时间的变化关系，如图 8-43 和图 8-44 所示。

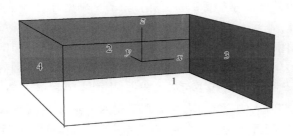

图 8-42　监测的墙体及其编号

　　由于重力加速度的方向设置在 x 的正方向，在模型中颗粒完全对称的情况下，墙体 1 和 2 在 y 方向的受力应该是完全相等的，然而从图 8-43 可以看出，墙体 2

的受力要比墙体 1 的受力稍大一些，这是因为级配的关系使得模型中的粗细颗粒的分布非常不均；由于颗粒的重力作用在墙体 3 的 x 方向，故墙体 3 在 x 方向上的受力要比墙体 4 的受力大得多。由于整个模型中存在 0.1MPa 的初始应力，故 4 面墙体的受力变化的起始点都不是从 0 开始的。从图 8-43 和图 8-44 可以看出，墙体在弹体侵彻过程中受力的最大值几乎比初始受力大 2 倍，换句话说，弹体以 500m/s 的速度侵彻砂卵石土，影响范围要比砂卵石土靶板的尺寸大很多。

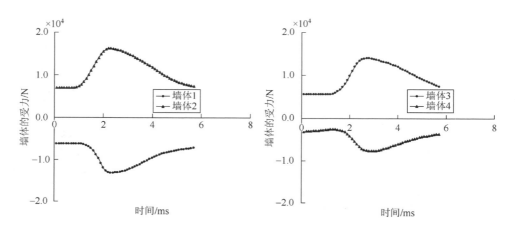

图 8-43　墙体 1 和墙体 2 在 y 方向的受力变化　图 8-44　墙体 3 和墙体 4 在 x 方向受力变化

3. 内部砂卵石土颗粒的响应

颗粒离散元法允许用户在模型的任意位置设置一个 measure sphere，即测量圆，测量圆可以监测一个球形区域内的颗粒在任意时刻的孔隙比、应变率以及应力。为了研究弹体侵彻过程中，砂卵石土内部的一些应力变化以及传递的一些情况，在 z 为 0 的平面上，从坐标原点开始，沿着 x 轴正方向，等间距安装了 4 个半径为 25mm 的测量圆，测量圆的球心均位于 x 轴上（$x = 25$mm、$x = 75$mm、$x = 125$mm、$x = 175$mm），如图 8-45 所示，测量圆的编号从左到右依次为 10、11、12 和 13。

图 8-46、图 8-47 和图 8-48 是弹体侵彻过程中，4 个测量圆内 3 个方向上应力随侵彻时间的变化情况，从图中可以看出：测量圆 10 距离弹体侵彻的位置最近，弹体侵彻时其内部应力的变化非常大，几乎变为初始值的 30~40 倍，其后再通过颗粒与颗粒之间的相互作用，将力传递给周围的颗粒；测量圆 11 内的应力变化近似为初始值的 6~7 倍；测量圆 12 内的应力变化近似为初始值的 4 倍；测量圆 13 内的应力变化几乎为初始值的 2 倍。按照此趋势进行发展，砂卵石土模型的宽度再增加 1/2，很有可能在侵彻过程中，砂卵石土对周边的影响可以忽略（有待进一步验证）。

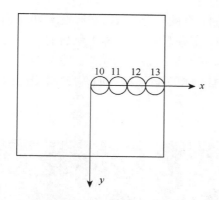

图 8-45　4 个测量圆的布置位置

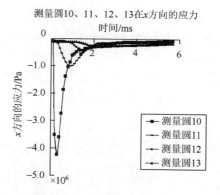

图 8-46　4 个测量圆内 x 方向的应力变化

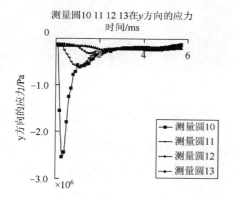

图 8-47　4 个测量圆内 y 方向的应力变化

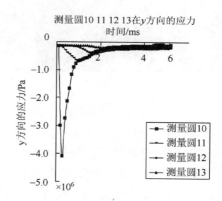

图 8-48　4 个测量圆内 z 方向的应力变化

8.3.3　砂卵石土颗粒级配对侵彻特性的影响

通过上述不同级配砂卵石土抗剪特性的研究分析发现，不同的颗粒级配组成对砂卵石土的抗剪特性有很大的影响，为了研究颗粒的级配组成对砂卵石土侵彻过程的影响，在数值模拟中考虑了 3 种颗粒级配组成（该部分简称 JP1、JP2、JP3），见表 8-5。

表 8-5　砂卵石土 3 种级配下的质量百分比（%）

级配	粒径尺寸/mm									
	60	50	40	30	20	10	5	2	0.5	0.075
1	100	95	90	—	70	52	40	25	17	7
2	—	—	100	—	92	70	40	27	15	5
3	—	—	—	—	100	—	—	—	—	—

　　根据砂卵石土的颗粒级配组成，运用前面所述的半径膨胀法在边长为 400mm×
400mm×150mm 的立方体盒子内生成砂卵石土侵彻模型（模型中颗粒的最小尺寸
为 10mm）。为了分析砂卵石土颗粒级配组成对侵彻结果的影响，模型中的微压都
设定为 0.1MPa（微压的设定是通过调整墙体的相对运动实现的）。3 种级配砂卵
石土的侵彻模型如图 8-49 所示。

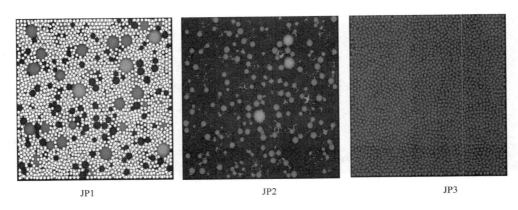

JP1　　　　　　　　　　　JP2　　　　　　　　　　　JP3

图 8-49　三种级配砂卵石土的离散元模型

　　弹体最初位移位于砂卵石土模型的表面的中心位置，如图 8-50 所示（弹体位
移（位于）级配一组砂卵石土表面），并以一定的初始速度沿着模型表面预留的方
孔侵彻砂卵石土，弹体的速度方向沿 z 轴的负方向。

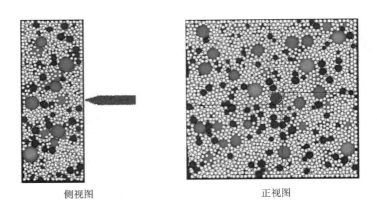

侧视图　　　　　　　　　　　　正视图

图 8-50　弹体位于 JP1 砂卵石土正上方

　　弹体以 500m/s 的初始速度侵彻 3 种级配砂卵石土模型，不同时刻弹体的位置

及砂卵石土的响应见图 8-51～图 8-53。由于背面方孔大小的限制，粒径较小的砂卵石土颗粒可以被弹体从背面预留的方孔中打出来，而粒径较大的颗粒则不容易被弹体从背面打出来，而是被弹体挤压到另一侧，影响弹道的偏转。图 8-54 是弹体穿出 3 种级配砂卵石土瞬间砂卵石土靶板的正面视图，从图中可以看出，弹体穿出砂卵石土模型的靶板的瞬间，弹道依稀可见，从弹道中仍然可以看到弹体的尾部。

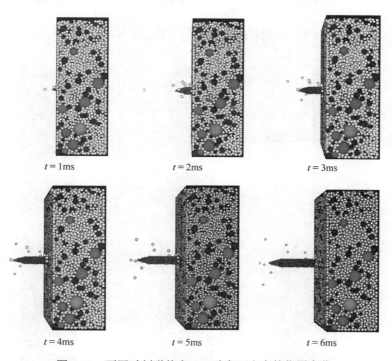

图 8-51　不同时刻弹体在 JP1 砂卵石土中的位置变化

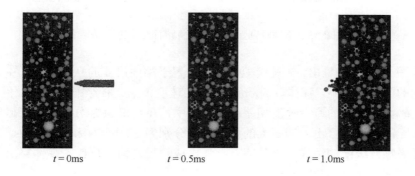

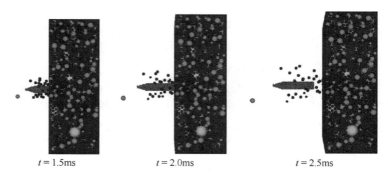

图 8-52　不同时刻弹体在 JP2 砂卵石土中的位置变化

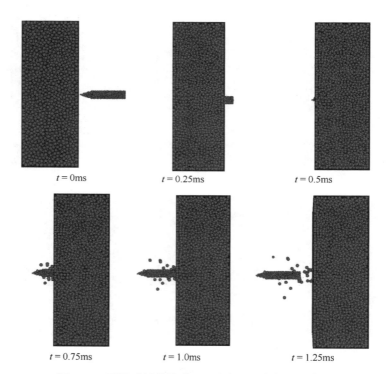

图 8-53　不同时刻弹体在 JP3 砂卵石土中的位置变化

从图 8-55 可以看出，3 种级配砂卵石土置于相同尺寸的立方体盒子中，并处于相同的微压状态下，弹体以 500m/s 的初始速度侵彻 3 种级配砂卵石土模型，弹体穿出砂卵石土时的剩余速度相差很大。其中，JP1 和 JP2 分别考虑了砂卵石土颗粒级配的组成，穿出砂卵石土的剩余速度分别为 23.99m/s 和 84.59m/s，JP3 则没有考虑颗粒级配的组成，将砂卵石土考虑成粒径均匀的颗粒，弹体穿出 JP3 砂卵石土的剩余速度为 207.57m/s。

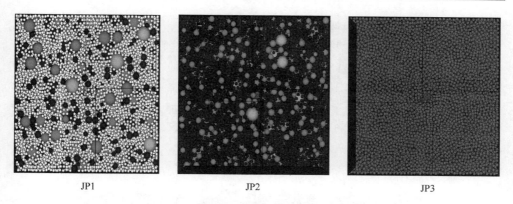

图 8-54　弹体穿出砂卵石土靶板时的正视图

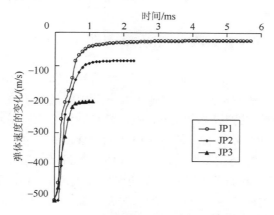

图 8-55　弹体侵彻砂卵石土的速度时程曲线

在相同的微压状态下（0.1MPa），弹体以不同的初始速度侵彻 3 种级配砂卵石土的剩余速度列于表 8-6。从表 8-6 的数据可以看出，当 3 种级配砂卵石土处于相同的微压状态下时，颗粒的级配组成对弹体侵彻砂卵石土的剩余速度的影响非常大。

表 8-6　弹体不同初始速度侵彻砂卵石土其对应的出靶速度对比　（单位：m/s）

级配	初始速度					
	300	400	500	600	700	800
1	—	—	23.99	65.63	102.2	131.83
2	—	40.18	84.59	126.97	175.2	222.92
3	68.3	137.1	207.57	278.3	344	407.93

　　为了分析弹体侵彻 3 种级配砂卵石土剩余速度的差异来源，假设弹体在侵彻过程中不发生偏转，那么弹体在砂卵石土中形成的弹道将是一个圆柱形的区域，那么反过来分析，位于该圆柱形区域内的砂卵石土颗粒在弹体的侵彻过程中将与弹体产生直接的接触，该圆柱形区域内的砂卵石土对弹体的作用力将是引起弹体速度改变的主要原因。为了更清楚地了解弹体在运动过程中与砂卵石土的接触情况，取出了 3 种级配砂卵石土在弹体经过的圆柱形区域内的砂卵石土颗粒，如图 8-56 所示。

JP1　　　　　　　　　JP2　　　　　　　　　JP3

图 8-56　可能与弹体直接作用的砂卵石土颗粒

　　弹体侵彻 JP1 砂卵石土的过程中可能会撞击到砂卵石土颗粒，其中有 4 个粒径较大的颗粒可能会在侵彻过程中与弹体发生直接的接触，该 4 个颗粒的粒径在 20～40mm，由于弹体的弹径为 25mm，则弹径与砂卵石土颗粒粒径的比值最大为 1∶1.6。弹体侵彻 JP2 砂卵石土的过程中可能会撞击到砂卵石土颗粒，其中有一个粒径较大的颗粒可能会在侵彻过程中与弹体发生直接的接触，该颗粒的粒径在 20～40mm，则弹径与砂卵石土颗粒粒径的比值最大为 1∶1.6。弹体侵彻 JP3 的过程中可能会撞击到的砂卵石土颗粒，均匀颗粒的粒径为 10mm，则弹径与砂卵石土颗粒粒径的比值为 2.5∶1。

　　在不考虑砂卵石土颗粒被弹体打碎的情况下，弹体接触到砂卵石土的瞬间，将对砂卵石土颗粒施加一定的作用力，将砂卵石土颗粒挤开，继续沿着运动方向运动；同时，砂卵石土给予弹体一定的反作用力，使得弹体的速度降低（弹体加速度时程曲线见图 8-57）。但是，如果弹体与粒径越大的颗粒接触时，由于粒径较大的颗粒所占的空间体积越大，而且砂卵石土中同时也存在一定的初始微压，因此大粒径颗粒被挤开时所需要的能量也就越大，即弹体能量的衰减越多。弹体以一定的速度撞击砂卵石土颗粒，如果砂卵石土颗粒的粒径越大，弹体将砂卵石土颗粒挤开所需要的挤压力越大，同时弹体受到砂卵石土的反作用力也越大，此反作用力就是导致弹体速度衰减和弹体偏转的主要原因。

　　结合图 8-56 和图 8-57 可以看出，弹体在侵彻 JP1 砂卵石土的过程中，弹体可能与 4 个粒径较大的颗粒相互作用，从弹体的加速度时程曲线可以看出，弹体在 JP1 中运动的加速度时程曲线存在明显的二次波峰，即弹体在挤开粒径较大颗粒之后再次撞击到了其他的大粒径的颗粒；在 JP2 中可能与一个粒径较大的颗粒直接接触；在 JP3 中没有和粒径较大的颗粒直接接触。所以在相同的微压下，弹体穿出第一种级配砂卵石土时的剩余速度最小，而穿出第三种级配砂卵石土时的剩余速度最大。因此，导致剩余速度差异的主要因素是弹径比的差异，以及与弹体产生直接作用的粗颗粒的数量。

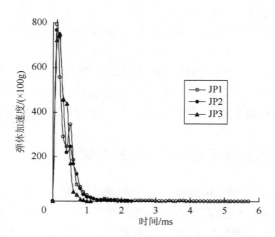

图 8-57　弹体侵彻过程中运动方向合力的时程曲线

　　然而，在颗粒离散元法中，砂卵石土颗粒的空间分布是随机的，并不受人为控制因素的影响，况且真实的砂卵石土中颗粒的空间分布也是随机的。弹体在侵彻砂卵石土的过程中，与粒径较大的颗粒是否会发生直接的作用是不可知的，可能不会有粒径较大的颗粒分布在弹道的附近，也可能有一颗或者更多，这就取决于粒径较大的颗粒分布在弹道附近的概率。

　　假设在砂卵石土中，砂卵石土颗粒粒径与弹径相同或者比弹径更大的颗粒为粗颗粒，粒径比弹径小的颗粒为细颗粒（相对而言）。那么级配确定的砂卵石土在一个尺寸一定的模型中随机生成砂卵石土模型（弹体的初始位置确定），粗颗粒分布在弹道附近的率为 P_1，即弹体与粗颗粒直接作用的概率为 P_1；同种级配砂卵石土在相同尺寸的模型中生成砂卵石土模型（弹体的初始位置不确定），弹体与粗颗粒直接作用的概率为 P_2。简单来说，即砂卵石土模型中颗粒分布随机，弹体初始位置一定，弹体打到粗颗粒的概率为 P_1；砂卵石土模型中颗粒分布一定，弹体初始位置随机，弹体打到粗颗粒的概率为 P_2。则有，$P_1 = P_2$。

　　一旦砂卵石土模型中颗粒的空间位置一定，弹体从砂卵石土表面的随机位置侵彻，侵彻过程中与粗颗粒直接作用的概率与砂卵石土中粗颗粒的含量百分比呈正比，即砂卵石土中粗颗粒的含量百分比就是弹体在侵彻砂卵石土过程中弹体与粗颗粒直接作用的概率。即弹体与砂卵石土直接作用的概率 P 满足以下公式：

$$P = V_{粗颗粒} / V_{总} \qquad (8\text{-}1)$$

其中，$V_{粗颗粒}$ 为砂卵石土模型中粗颗粒的总体积；$V_{总}$ 是砂卵石土模型的总体积。

　　在一定体积质量的砂卵石土中，不同粒径范围的颗粒含量百分比是确定的（表 8-5），可以通过砂卵石土级配的质量百分比的含量，反推出砂卵石土中粗颗粒的含量百分比。从表 8-5 中的数据可以看出，由于 JP3 中的砂卵石土颗粒粒径均为 10mm（弹体直径为 25mm），弹体在侵彻 JP3 砂卵石土的过程中，弹体与粗颗粒直接作用的概率为 0；由于 JP1 和 JP2 砂卵石土中颗粒粒径在 25mm 处并没有明确的界限，即认为砂卵石土颗粒粒径在 20mm 及以上都属于粗颗粒，根据表 8-5 中不同粒径的百分比含量，通过公式（8-1）计算出弹体在侵彻 JP1 和 JP2 砂卵石土的过程中，弹体与粗颗粒直接作用的概率分别为 0.25 和 0.08.

8.3.4　砂卵石土内部微压对侵彻特性的影响

　　砂卵石土以其优良的工程特性，在土木工程、交通工程、岩土工程和水利工程中得到广泛的应用。砂卵石土在实际工程的应用中，多数是被用作处理软弱地基的填料，在这样的条件下，砂卵石土是处于一定的微压下工作的。对于弹体侵彻砂卵石土的分析来说，微压对侵彻结果的影响是不可以忽略的，从宏观来说，砂卵石土所处的微压越大，砂卵石土的密实程度越大，弹体侵彻砂卵石土所需要的能量也越大，即弹体越不容易打入砂卵石土。为了从细观角度研究微压对弹体侵彻砂卵石土的影响，采用颗粒离散元法建立弹体侵彻砂卵石土的数值模型，分析不同微压下，弹体侵彻砂卵石土的响应过程。

　　为了研究微压对弹体侵彻砂卵石土的影响过程，取表 8-7 中所示级配的砂卵石土建立砂卵石土侵彻模型（图 8-32），弹体的初始位置一定，改变侵彻模型中砂卵石土的微压，弹体以相同的速度侵彻砂卵石土。图 8-58 是弹体初始速度为 700m/s 的情况下，侵彻 4 种不同微压的砂卵石土的速度时程曲线。

表 8-7　砂卵石土级配的质量百分比（%）

级配	粒径尺寸/mm									
	60	50	40	30	20	10	5	2	0.5	0.075
1	100	95	90	—	70	52	40	25	17	7

　　由图 8-58 可以看出，模型中砂卵石土所处的微压越大，弹体的时程曲线的初始切向模量越大，即速度时程的下降曲线越陡峭，弹体的速度衰减也越快，弹体穿出砂卵石土靶板所需要的时间也越长。当砂卵石土所处微压近似为 0MPa 的时候（由于砂卵石土受到自重的作用，砂卵石土的微压不可能完全为 0MPa，此时

的砂卵石土所处的状态为自然堆积状态，3 个方向上的平均压力近似为 0.007MPa），弹体穿出砂卵石土靶板的速度约为 110m/s，当砂卵石土所处的微压逐渐增大至 0.1MPa、0.5MPa、1MPa 时，弹体的出靶速度依次为 106m/s、86m/s、64m/s。由此可以看出，砂卵石土所处微压的大小对弹体侵彻的影响还是不小。

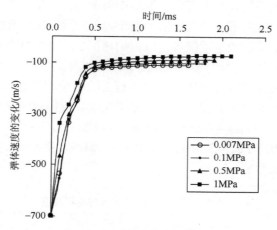

图 8-58　弹体的速度时程曲线

砂卵石土所处的微压越大，砂卵石土的密实度也越大，砂卵石土颗粒被弹体挤压开所需要做的功就越大，所以弹体穿出砂卵石土靶板所需要消耗的能量也越大。砂卵石土所处的微压越大，弹体挤压开砂卵石土的时候受到砂卵石土的阻力也将更大，致使弹体侵彻过程中的速度衰减越快，弹体以 700m/s 的速度侵彻不同微压下的砂卵石土的加速度时程曲线如图 8-59 所示。

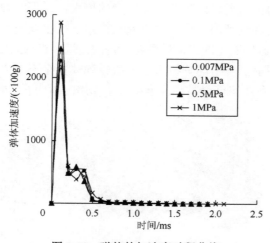

图 8-59　弹体的加速度时程曲线

　　由图 8-59 可以看出，弹体在接触到砂卵石土的瞬间，弹体的加速度突然增加到一个非常大的值，砂卵石土所处的微压越大，这个值也越大，意味着弹体在接触到砂卵石土的瞬间，受到来自砂卵石土的作用力很大，并给予砂卵石土一个很大的冲击作用，将砂卵石土挤压开，所以加速度的峰值持续时间很短，加速度的大小迅速下降。至于弹体加速度时程曲线中可能会出现的二次波峰，很有可能是弹体在侵入砂卵石土之后，遇到了砂卵石土内部粒径较大的颗粒，此时弹体的速度比起初始速度来说已经小了很多，所以加速度二次波峰的数值相对于第一个波峰来说数值上小很多。

　　为了进一步研究微压对弹体侵彻砂卵石土的影响，分别对不同弹体初始速度侵彻砂卵石土靶板的情况进行了数值模拟研究，数值模拟中考虑了 5 个弹体初始速度，即 400m/s、500m/s、600m/s、700m/s 和 800m/s，砂卵石土处于 4 个不同的微压状态，即 0.007MPa、0.1MPa、0.5MPa 和 1MPa，弹体侵彻砂卵石土靶板的出靶速度分别列于表 8-8。

表 8-8　不同工况下弹体的出靶速度　　　　　　　　（单位：m/s）

微压	初始速度				
	400	500	600	700	800
0.007MPa	15.28	47.95	76.75	109.92	141
0.1MPa	—	23.99	65.63	102.23	131.8
0.5MPa	—	—	45.99	86.12	119.7
1.0MPa	—	—	—	64.09	102.5

　　从表 8-8 中的数据可以看出，在速度比较低的情况下，微压对弹体侵彻砂卵石土的速度衰减作用很明显，但随着弹体速度的增大，微压对弹体穿出砂卵石土的剩余速度的影响出现衰减的趋势。由于此次模拟分析主要是针对微压对弹体侵彻砂卵石土的影响，砂卵石土的侵彻模型是一定的，即砂卵石土侵彻模型中颗粒的位置是确定的。沿用前面一节的分析方法，假设弹体完全不发生偏转，那么在弹体侵彻砂卵石土的过程中可能会与弹体直接发生作用的砂卵石土颗粒如图 8-60 所示。

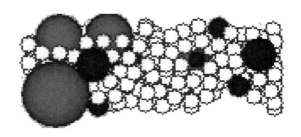

图 8-60　与弹体直接作用的砂卵石土颗粒

从图 8-60 可以看出，可能会有 4 个粒径相对较大的颗粒与砂卵石土发生直接的作用，此 4 个粒径较大的砂卵石土颗粒的粒径大约是弹径的 2 倍。颗粒离散元法中的颗粒球体单元都是刚性颗粒单元，即在外力作用下，球形颗粒不会发生破碎或者断裂现象。在不考虑砂卵石土颗粒被弹体打碎的情况下，弹体穿出砂卵石土靶板的必要途径就是将砂卵石土颗粒挤压开，从而穿出砂卵石土。砂卵石土所处的微压越大，粒径较大的颗粒被弹体挤压开所需要的能量越大，即弹体所需要消耗的能量越大，所以弹体在侵彻微压较大的砂卵石土的过程中能量的损失越高，即出靶速度越低。

8.4　本 章 小 结

混凝土单轴压缩/劈拉实验的数值仿真能够再现混凝土的力学行为，是获取混凝土离散元细观力学参数的有效方法。

离散元法模拟 Hanchak 侵彻实验，数值结果与实验结果吻合，误差在允许的范围内，证明了离散元法侵彻模型、程序的编写以及算法的正确性。

砂卵石土中粗集料的相对含量是影响砂卵石土抗剪强度的主要因素，同时也是引起弹体在侵彻砂卵石土的过程中速度衰减和弹体弹道偏转的主要因素。通过对数值模拟结果的分析，弹体在侵彻砂卵石土的过程中直接与粗集料发生作用的概率与砂卵石土中粗集料的相对百分比含量呈正比。

砂卵石土中存在一定的微压，主要是改变砂卵石土的密实程度，微压越高，密实程度越高。弹体在侵彻砂卵石土的过程中，主要是以挤压的形式作用于砂卵石土，砂卵石土内部的密实度越高，砂卵石土颗粒被挤开时所需要的能量就越大，从而弹体的能量衰减越多。

参 考 文 献

[1]　何建平，彭兴芝，租烨，等. 砂卵石土动、静特性的对比实验研究[J]. 长江科学院院报，2010，27（8）：40—43.

[2]　王汝恒，贾彬，邓安福，等. 砂卵石土动力特性的动三轴实验研究[J]. 岩石力学与工程学报，2006，25（2）：4059—4064.

[3]　江闻韶. 土的动力强度和液化特征[M]. 背景：中国电力出版，1996：10.

[4]　Forrestal M J，Luk V K. Penetration into soil targets.[J]. Int J Impact Eng，1992，12：427-44.

[5]　Forrestal M J，Norwood F R，Longcope D B. Penetration into targets described by locked hydrostats and shear strength[J]. Int J Solids Struct，1981；17：915-924.

[6]　Forrestal M J，Grady D E. Penetration experiments for normal impact into geological targets[J]. Int J Solids Struct，1982，18：229-234.

[7]　Bakulin V N，Ovcharov P N，Potopakhin V A. Experimental study of deformation of thin conical shells during

penetration into soil[J]. Mechanics of solids，1988，23：183-186

[8]   Carter J P，Nazem M. Analysis of dynamic penetration of objects into soil layers[J]. 7th European Conference on Numerical Methods in Geotechnical Engineering，NUMGE 2010. 2010：251-254.

[9]   Menard L，Boroise Y. Theoretical and practice aspects of dynamic consolidation[J]. Geotechnique，1975，25（1）：3-18.

[10]   雷学文，白世伟，孟庆山. 动力排水固结法的加固机理及工艺特征[J]. 岩土力学，2004，25（4）：637-639.

[11]   郑颖人，冯遗兴，李学志. 强夯加固软土地基的理论与工艺研究[J]. 岩土工程学报，2000，22（1）：18-22.

[12]   刘祖德，丘建军. 冲击荷载作用下饱和软黏土孔压增大与消散规律[J]. 岩土力学，1998，119（2）：33-38.

[13]   史保华，司剑峰. 冲击压实技术在机场工程软基处理中的应用研究[J]. 中国公路学报，2001，14（3）：33-38.

[14]   何兆益，赵川，朱洪洲，等. 万州五桥机场高填方碾压施工控制实验研究[J]. 重庆交通学院学报，2001，20（3）：69-71.

[15]   杨兴贵，田应富. 洪家渡水电站大坝堆石体冲击碾压技术实践与成效[J]. 贵州水力发电，2005，19（4）：54-57.

[16]   王刚，李志农，冯立群. 粗粒土击实实验研究[J]. 道路工程，2010，10（20）：61-66.

[17]   窦光武. FWD测试技术在填石路基质量检测中的应用研究[D]. 西安：长安大学，2004.

[18]   段丹军，查旭东，张起森. 应用便携式落锤弯沉仪测定路基回弹模量[J]. 交通运输工程学报，2004，4（4）：10-12.

[19]   蒋爱辞. 基于离散元法的土石混合料动力特性分析[D]. 郑州：郑州大学，2010.

[20]   Hanchak S J，Forrestal M J，Young E R，et al. Perforation of concrete slabs with 48 MPa and 140 MPa unconfined compressive strengths[J]. International Journal of Impact Engineering，1992，12（1）：1-7.

[21]   Hentz S，Daudeville L，Donzé F V. Identification and validation of a discrete element model for concrete[J]. J Eng Mech，2004，130（6）：709-19.

[22]   Holmqust T J，Johnson G R，Cook W H. A computational constitutive model for concrete subjected to large strains，high strain rates and high pressures[A]//Proceedings of the 14th International Symposium on Ballistics[C]. Murphy Michael J，Backofen Joseph E. Quebec，Canada：[s.n.]，1993：591-600.

彩　图

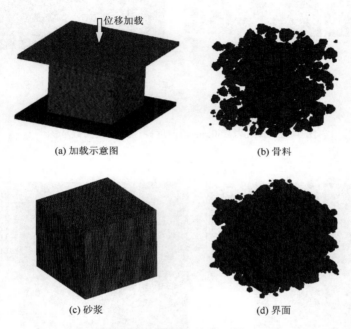

(a) 加载示意图

(b) 骨料

(c) 砂浆

(d) 界面

图 3-9　立方体抗压有限元模型

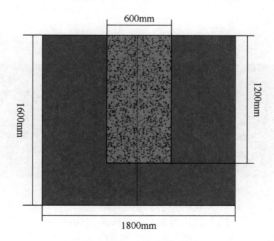

图 3-12　数值模型靶体几何尺寸

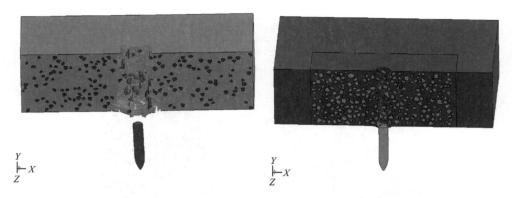

图 3-20 弹丸以 750m/s 的速度侵彻时靶板的破坏图

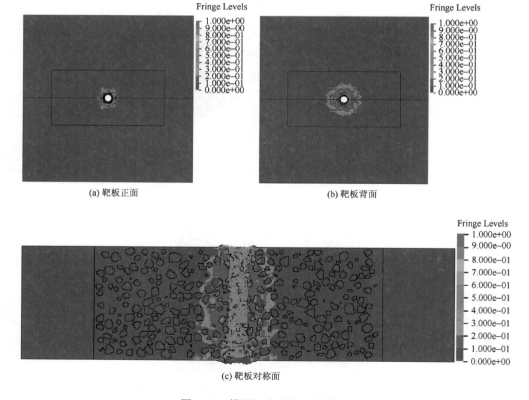

(a) 靶板正面

(b) 靶板背面

(c) 靶板对称面

图 3-22 模型二中靶板的损伤图

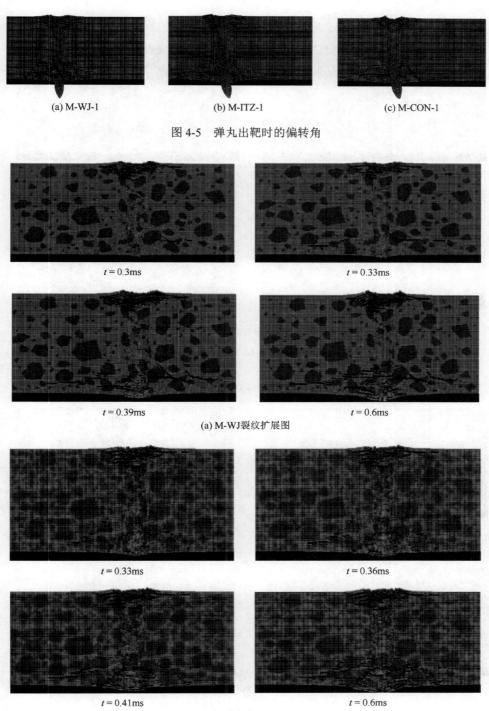

(a) M-WJ-1　　　　　　　　(b) M-ITZ-1　　　　　　　　(c) M-CON-1

图 4-5　弹丸出靶时的偏转角

$t = 0.3$ms　　　　　　　　　　　　　　$t = 0.33$ms

$t = 0.39$ms　　　　　　　　　　　　　　$t = 0.6$ms

(a) M-WJ裂纹扩展图

$t = 0.33$ms　　　　　　　　　　　　　　$t = 0.36$ms

$t = 0.41$ms　　　　　　　　　　　　　　$t = 0.6$ms

(b) M-ITZ裂纹扩展图

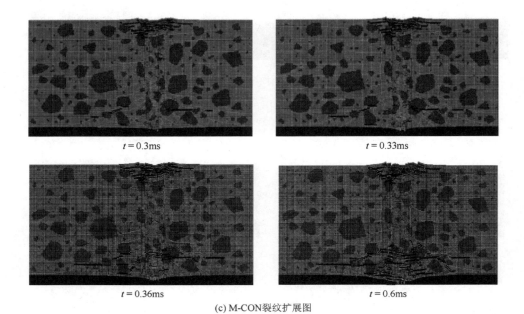

$t = 0.3\text{ms}$ $t = 0.33\text{ms}$

$t = 0.36\text{ms}$ $t = 0.6\text{ms}$

(c) M-CON裂纹扩展图

图 4-9   三种模型的裂纹扩展图

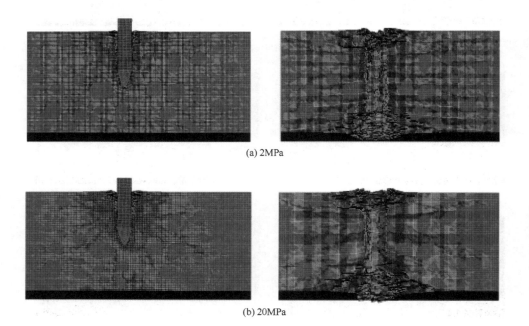

(a) 2MPa

(b) 20MPa

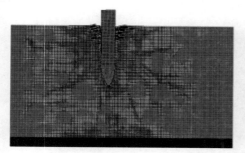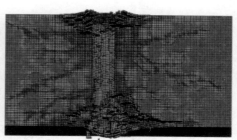

(c) 40MPa

图 4-10　界面不同抗压强度的靶板损伤图

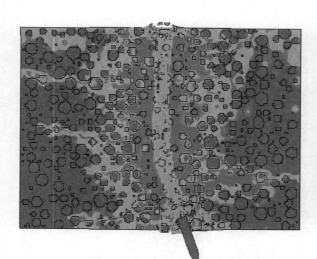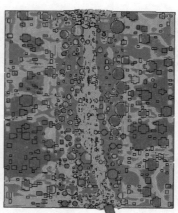

(a) 800mm×600mm×400mm靶板弹道图　　　　　(b) 400mm×600mm×200mm靶板弹道图

图 5-3　两种尺寸有限元模型的弹道图

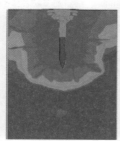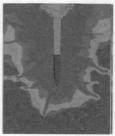

$t = 0.20$ms　　　　$t = 0.40$ms　　　　$t = 0.60$ms　　　　$t = 0.80$ms

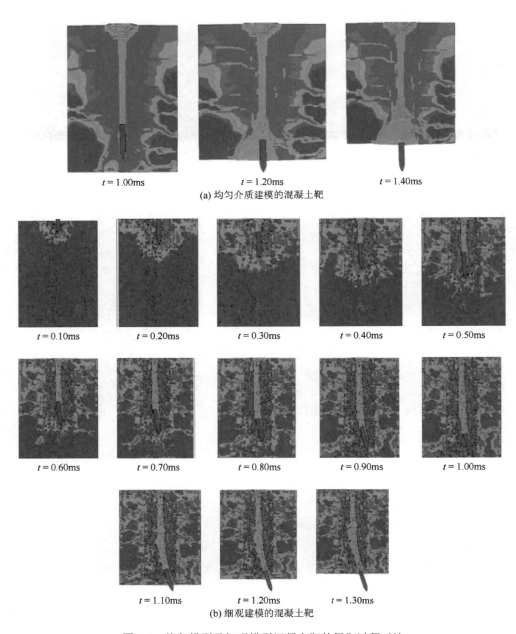

(a) 均匀介质建模的混凝土靶

(b) 细观建模的混凝土靶

图 5-4　均匀模型及细观模型混凝土靶的侵彻过程对比

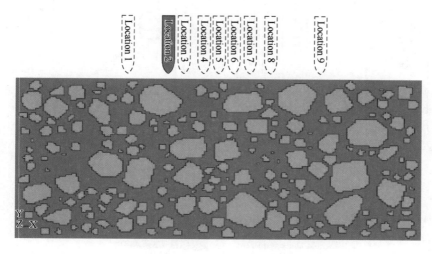

图 5-7　弹、靶相对位置图

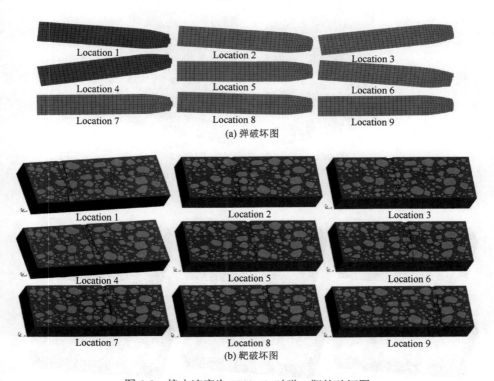

(a) 弹破坏图

(b) 靶破坏图

图 5-8　撞击速度为 1000m/s 时弹、靶的破坏图

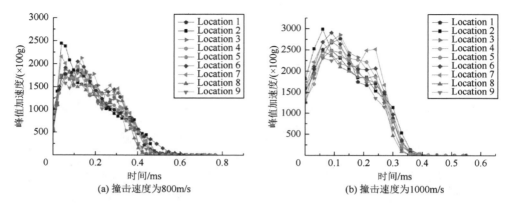

(a) 撞击速度为800m/s   (b) 撞击速度为1000m/s

图 5-9   不同撞击速度下弹的加速度曲线

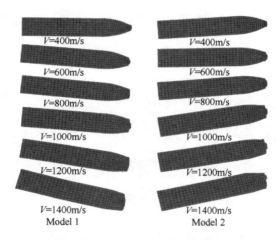

图 5-11   不同撞击速度下弹体的破坏图

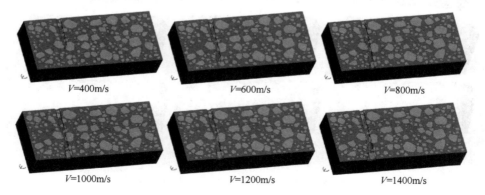

图 5-12   Model1 不同撞击速度下的弹道图

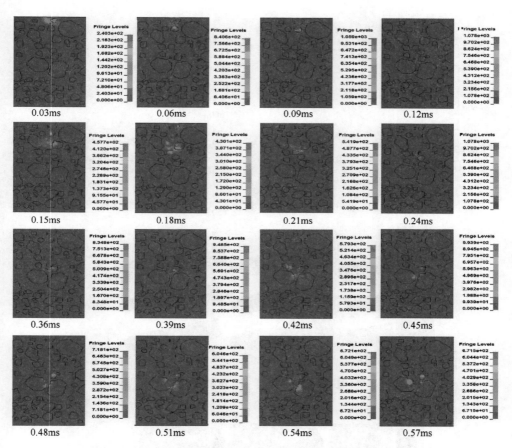

图 5-18　Model1 中撞击速度为 400m/s 时靶体不同时刻的应力云图

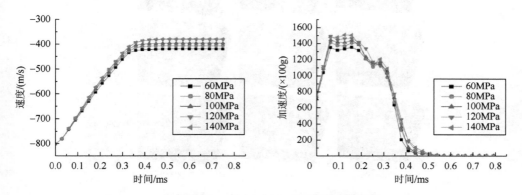

图 5-22　撞击速度为 800m/s 时弹的速度和加速度时程曲线

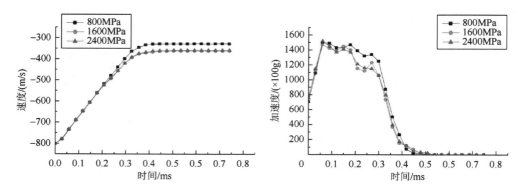

图 5-24　撞击速度为 800m/s 时弹的速度和加速度时程曲线

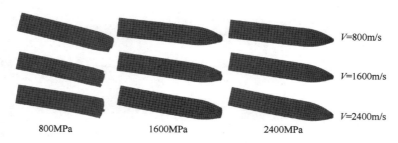

图 5-25　Model I 中弹出靶后的形状

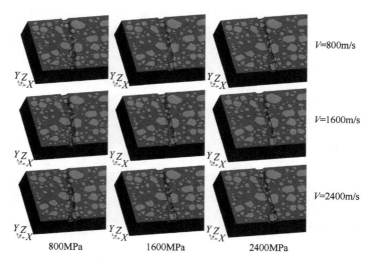

图 5-26　Model I 中靶体内的弹道图

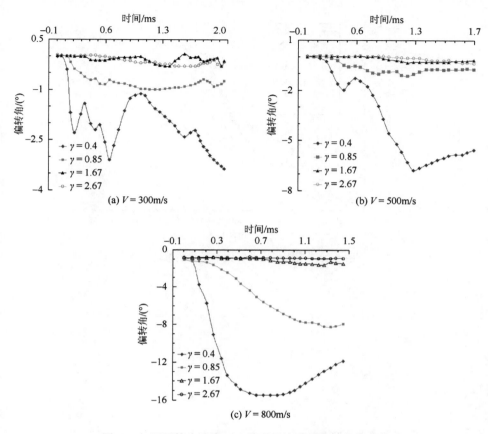

(a) $V = 300\text{m/s}$　　　　　　(b) $V = 500\text{m/s}$

(c) $V = 800\text{m/s}$

图 5-27　不同撞击速度下 4 种弹径比弹体偏转角度曲线

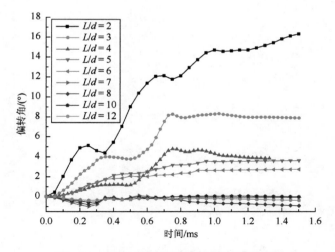

图 5-28　不同长径比下弹体偏转的时程曲线

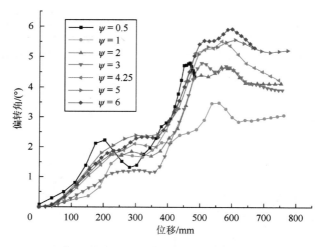

图 5-30　不同弹头曲径比下弹体的偏转角度